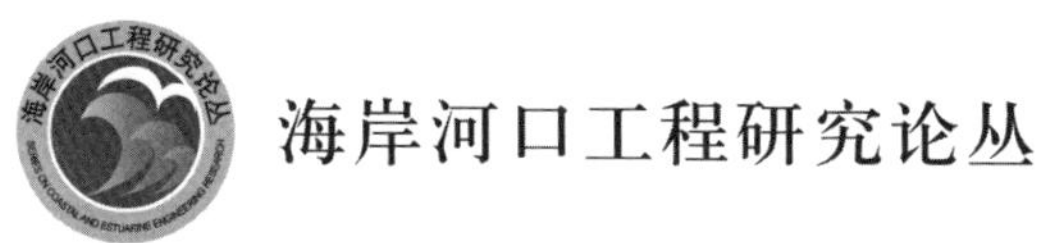

波流耦合下
淤泥质海岸水沙运动三维模拟

解鸣晓　著

THREE DIMENSIONAL NUMERICAL MODELING OF THE HYDRODYNAMICS AND SEDIMENT TRANSPORT FOR MUDDY COASTS COUPLING WITH WAVES AND TIDAL CURRENTS

人民交通出版社
China Communications Press

内 容 提 要

本书中采用理论建模结合思路辨证的技术路线，首先开发了考虑多种动力因子的波生近岸流三维计算模式，并采用大量试验数据进行测试。在模型基础上，研究了淤泥质海岸波流耦合下水动力泥沙运动规律。同时，提出淤泥质海岸水沙模拟中“结合过程和表现”的新思路，采用长时间尺度下水沙整体特征结合长期资料作为模型率定与验证基本原则。最后，提出强浪条件下“波浪掀沙、波流共同输沙”的概念。

本书可供海岸河口工程研究人员使用，也可供相关院校师生学习参考。

图书在版编目(CIP)数据

波流耦合下淤泥质海岸水沙运动三维模拟 / 解鸣晓著. — 北京：人民交通出版社，2014.5

ISBN 978-7-114-10594-4

Ⅰ. ①波… Ⅱ. ①解… Ⅲ. ①淤泥质海岸 - 水沙运动 - 三维数值模拟 Ⅳ. ①TV148 - 39

中国版本图书馆 CIP 数据核字(2013)第 314716 号

海岸河口工程研究论丛

书　　名： 波流耦合下淤泥质海岸水沙运动三维模拟
著 作 者： 解鸣晓
责任编辑： 韩亚楠　崔　建
出版发行： 人民交通出版社
地　　址： (100011)北京市朝阳区安定门外外馆斜街 3 号
网　　址： http://www.ccpress.com.cn
销售电话： (010)59757973
总 经 销： 人民交通出版社发行部
经　　销： 各地新华书店
印　　刷： 北京市密东印刷有限公司
开　　本： 720 × 960　1/16
印　　张： 10.5
字　　数： 180 千
版　　次： 2014 年 5 月　第 1 版
印　　次： 2014 年 5 月　第 1 次印刷
书　　号： ISBN 978-7-114-10594-4
定　　价： 45.00 元

序

海岸、河口是陆海相互作用的集中地带，自然资源丰富，是经济发达、人口集居之地。以我国为例，我国大陆海岸线北起辽宁省的鸭绿江口，南至广西壮族自治区的北仑河口，全长18000km；我国海岸带有大大小小的入海河流1500余条，入海河流径流量占全国河川径流总量的69.8%，其中流域面积广、径流大的河流主要有长江、黄河、珠江、钱塘江、瓯江等。海岸河口地区居住着全国40%左右的人口，创造了全国60%左右的国民经济产值，长三角、珠三角、环渤海等海岸河口地区是我国经济最为发达的地区，是我国的经济引擎。

人类在海岸河口地区从事经济开发的生产活动涉及很多的海岸河口工程，如建设港口、开挖航道、修建防波堤、围海造陆、保护滩涂、治理河口、建设人工岛、修建跨（河）海大桥、建造滨海火电厂和核电厂等，为了使其经济、合理、可行，必须要对环境水动力泥沙条件有一详细的了解、研究和论证。人类与海岸河口工程打交道是永恒的主题和使命。

交通运输部天津水运工程科学研究院海岸河口工程研究中心的前身是天津港回淤研究站，是专门从事海岸河口工程水动力泥沙研究的专业研究机构，致力于为港口航道（水运工程）建设和其他海岸河口工程等提供优质的技术咨询服务。多年来，海岸河口工程研究中心科研人员的足迹遍布我国大江南北及亚洲的印度尼西亚、马来西亚、菲律宾、缅甸、越南、柬埔寨、伊朗和非洲的几内亚等国家，研究范围基本覆盖了我国海岸线上大中型港口及各种海岸河口工程及亚洲、非洲一些国家的海岸河口工程，承担了许多国家重大科技攻关项目和863项目，多项成果达到国际先进水平和国际领先水平并获国家及省部级科技进步奖。海岸河口工程研究中心对淤泥质海岸泥沙运动规律、粉沙质海岸泥沙运动规律和沙质海岸泥沙运动规律有深刻的认识，尤其在淤泥质海岸适航水深应用技术、水动力泥沙模拟技术、悬沙及浅滩出露面积卫星遥感分析技术等方面，无论在理论上还是在实践经验上均有很高的水平和独到的见解。中心的一代代专家们专注于为大型的复杂的项目提供精确的技术论证和指导，使经优化论证的工程方案得以实施，如珠江口伶仃洋航道选线研究、上海洋山港选址及方案论证研究、河北黄骅港的治理研究、江苏如东辐射沙洲西太阳沙人工岛可行性及建设方案论证、瓯江口温州浅滩围涂工程可行性研究、港珠澳大桥对珠江口港口航道影响研究论证、天津港各阶段建设回淤研究、田湾核电站取排水工程研究等，事实证明这些工程是成功的。在积累的成熟技术基础上，主编了《淤泥质海港适航水深应用技术规范》《海岸与河口潮流泥沙模拟技术规程》《海港水文规范》泥沙章节，参编《海港总体设计规范》和《核电厂海工构筑物设计规范》等。

本论丛是交通运输部天津水运工程科学研究所海岸河口工程研究中心老一辈少一辈专家学者多年来的水动力泥沙理论研究成果、实用技术和实践经验的总结，内容丰富、水平先进、科学性强、技术实用、经验珍贵，涵盖了水动力泥沙理论研究，物理数学模型试验模拟技术研究，水沙研究新技术、水运工程建设、河口治理、人工岛开发建设实例介绍等海岸河口工程研究的方方面面，对从事本行业的技术人员学习和拓展思路具有很好的参考价值，是海岸河口工程研究领域的宝贵财富。

本人在交通运输部天津水运工程科学研究院工作 20 年(1990 ~ 2009 年)，曾经是海岸河口工程研究中心的一员，我深得老一代专家的指导，同辈人的鼓励和青年人的支持，我深得严谨治学、求真务实氛围的熏陶，留恋之情与日俱增。今天，非常乐见同事们把他们丰富的研究成果、

实践经验、成功的工程范例著书发表，分享给广大读者。相信本论丛的出版将会进一步丰富海岸河口水动力泥沙学科内容，对提高水动力泥沙研究水平，促使海岸河口工程研究再上新台阶有推动作用。希望海岸河口工程研究中心的专家们有更多的成果出版发行，使本论丛的内容越来越丰富，也使广大读者能大受裨益。

交通运输部科技司司长 [signature]

2012 年 11 月

前　言

淤泥质海岸是我国海岸形态中的重要形式,业已存在许多重要港口。当前,港口建设处于高速发展时期,码头、航道工程走向外海,并有大型化趋势。然受近岸水深限制,“浅水深用”已成为海港建设中的重要战略。连云港地区位于典型的淤泥质海岸,拟建30万吨级深水航道工程为江苏省头号工程,意义重大。由于港口建设规模较大,近岸水深无法满足要求,港池与进港航道需自 -3m 至 -5m 浅滩直接浚深至超过 -20m 底高程,工程量与投资额均极为庞大。鉴于以上原因,如以连云港地区作为范例开展相关研究工作,不仅可为淤泥质海岸建设大型港口提供有力的科学依据,同时也是浅水深用的样板,其理论意义与工程意义均十分显著。

淤泥质海岸泥沙颗粒较细、富有粘性,并与波浪、潮流运动紧密联系,其水沙问题一直都是海岸工程研究中的重要课题。几十年来,国内外在对淤泥质海岸水沙运动的科研工作中积攒了大量的理论与工程经验。当前,数值模拟已成为研究海岸水沙运动规律的重要工具,但由于原型的复杂性和天然海洋动力中的统计、随机特征,也存在一些待解决的问题,值得进一步探讨。经思考,提出两点主要问题:

(1)波流耦合作用的详尽分析。潮流与波浪均是淤泥质海岸中的主要动力,在水沙运动模拟中,应同时考虑两者的贡献。以往在对淤泥质海岸波流共存的模拟中,多认为潮流是悬移泥沙运动的主要动力,而对波生流的影响缺少评价。然而在实际工程中,大浪条件下泥沙运动极为活跃,而恰在极端条件下,波生流的潜在影响达到最高。因此,全面评价淤泥质海岸波生流运动规律及其对水沙运动的影响程度便显得十分必要。

(2)泥沙运动模拟中的长、短尺度衔接。海洋中的各种动力因子均在不同的时间尺度上体现其特征。例如潮流、波浪运动为短尺度过程,而滩槽演变则为长尺度过程。如采用基于短尺度的模拟思路对长时间尺度现象,例如航道年际回淤进行研究,首先需要大量、冗长的计算时间;其次,短尺度过程叠加于长尺度过程之上，将形成“尺度噪声”，干扰宏观规律；在现场水文测量的含沙量序列数据中，由于天然泥沙运动的统计特征和测量误差等，也可使得短尺度实测数据存在“资料噪声”。这些噪声可能给长尺度现象模拟埋下隐患，并对模型参数的率定和验证造成困难，是现有模拟思路中的难题。因此，如何寻找一种新的模拟理念，以便规避短尺度事件与资料所引起的噪声，充分发挥现有资料和模型的效用都是值得探讨的问题。

基于以上背景，书中采用理论建模结合思路辨证的技术路线，首先建立了波流耦合下的淤泥质海岸水沙运动三维模式，并在全面测试的基础上，充分评价了波流耦合下淤泥质海岸水流、泥沙的运动特性与规律，分析了波生流的影响规律与程度；此外，以淤泥质海岸水沙模拟的整体思路为对象，把握“尺度”概念，提出了一个同时结合物理本质和宏观规律的模拟理念。以连云港地区为算例，进行深入探讨。

本书主要创新点可归纳如下：

(1)在水动力原始方程中增加了三维波生流作用。引入三维波浪时均剩余动量、波生紊动及破波表面水滚作为波生流的主要驱动力；将 Larson－Kraus 波浪水平紊动公式拓展至三维；推导了考虑底坡、传递率和密度影响的破波水滚能量传输方程。利用实测资料验证了所建模式的适定性，推荐了相关参数取值。

(2)探讨了淤泥质海岸波生流运动规律，及其对潮流、泥沙运动的影响程度。指出淤泥质海岸波生流影响范围较沙质海岸更远，且底部离岸流现象不明显；在大浪条件下，近岸波生流速已与潮流流速达到相近权重，其水沙运动机理可表示为“波浪掀沙、波流共同输沙”。

(3)针对淤泥质海岸水沙运动模拟，提出了结合“过程”和“表现”的新思路。模拟中同时关心物理过程和宏观规律，着重把握时间尺度和长期观测数据。

(4)研究了淤泥质海岸长尺度水沙动力模拟中的代表潮和代表波浪选取原则。指出代表潮的选择应同时保证底床冲淤率及流态相似；代表波浪的选取应关注波高二次方(或波能)相似。

(5)提出了“特征含沙量”的概念。利用淤泥质海岸波浪条件与含沙量的良好对应关系，将长期水沙运动宏观规律联系起来；按时间尺度将特征含沙量分为长期特征含沙量与不同波浪等级下的特征含沙量两种。讨论了特征含沙量的取值方式。

(6)建立了淤泥质海岸水沙模拟中有效性检验的新原则。采用长期特征含沙量配合年平均含沙量对模型进行率定,并利用分级波浪条件下的特征含沙量对模型进行验证。

目录
Contents

1 绪　　论

1.1 选题背景与研究意义

淤泥质海岸是我国大陆海岸的重要组成部分，长4000多千米，约占岸线总长度的22%，主要分布在辽东湾、渤海湾、莱州湾及黄海的苏北平原海岸等地。在淤泥质海岸上，业已存在许多重要港口，如天津新港、连云港港等。当前，随着“浅水深用”成为我国海港建设的重要战略，淤泥质海岸大型港口建设纷纷上马，同时许多已建于淤泥质海岸的老港口也相应扩建，形成的工程量与投资额均极为庞大。淤泥质海岸泥沙颗粒富有粘性、运动活跃，带来众多工程泥沙问题，其中最为常见的就是进港航道的回淤问题等。然而，无论是何种工程问题，都是在海洋动力与环境的大背景下，要研究这些问题，首先需要对淤泥质海岸的水沙运动特征进行全面把握。

在探索海洋的过程中，以数理方程为基础的数学模型在工程应用中发挥了重要作用。当前国内外基本所有的海岸工程建设中，都可以见到数学模型的影子。为了更好地模拟实际现象，几十年来国内外学者进行了持续研究，将模型的通用性和理论水平不断推上新台阶。尽可能完善模型理论、把握自然规律，使得数学模型更加真实有效地反映自然规律无疑是一个重要方向。

尽管如此，实际海洋是一个极度复杂、存在统计性和随机性的环境，波浪、潮流和泥沙运动时刻耦合，并具有各自的运动尺度。数学模型的基本理论来自我们对自然界的认识，从而认识的深度直接影响到模拟的效果。但是，人类对自然的认识总是分阶段的，无论何种理论均与实际条件存在或多或少的差异，特别是在对海岸粘性泥沙运动这一课题的研究中，理论本身就存在高度的不成熟性，至今仍处在一个以“定性”为主的探索阶段。尽管当前围绕这一课题存在大量理论，但是却难以统一。然而，在实际海岸工程中，往往又需要这些理论作为研究的背景，模拟结论也需要作为工程可行性的依据。因此，尽管数值模拟本身是一种理论或技术，但如何去应用数学模型，或者说如何在应用中更好地发挥现有数学模型的作用，更佳地为实际工程提供指导是一种哲学。基于这一考虑,本书将模型理论开发和模型应用理念结合起来,并进行相应探讨。

1.2 海岸水动力模拟技术综述

潮流与波浪是海洋环境中的两个最基本和最重要的水动力因素。在海岸地区建设工程,均需评价潮流与波浪对工程建筑物的潜在影响。此外,水动力特征也是研究其他相关课题,例如泥沙运动、物质扩散等的基础。研究潮流与波浪的运动规律是海岸动力学中的两大主要分支。随着计算流体力学理论的不断完善,对这两种基本动力的模拟也得到了迅速发展。以下将对主要研究结论进行综述。

1.2.1 潮流模拟综述

随着计算机性能的提升和理论的进步,潮流模拟经历了自一维至二维,再到当前三维模拟的发展阶段。应该讲,基于 Newton 第二定律的 Navier-Stokes 方程作为潮流模拟中控制方程的基本形式已得到国际范围内的承认。然而,由于原始形式的 Navier-Stokes 方程较为冗长,直接求解难度大,特别在考虑斜压效应时更加复杂。因此,国内外学者利用实际海岸地区的特征进行假设,提出一系列的近似和假定,初步解决了其中的一些难点,例如常见的垂向静压假设和斜压计算中的 Boussinesq 近似等。

海洋流动多处在紊流区间,从而对紊流的描述也是潮流模拟中的一个重要组成部分。经紊流时均的 Navier-Stokes 方程改写为 Reynolds 形式,在求解上不闭合,而需要引入紊流本身的运动方程。由于紊流发生在极小的时空尺度上,模拟中难以保证如此细致的网格分辨率,故在构建紊流模型时,我们更为关心时均效应,并将模型网格无法分辨的亚网格(sub - grid)过程以紊动粘性系数或扩散系数的方式进行参数化。根据海岸地区水平和垂向的尺度差异,通常在两个维度上采取不同的紊流模式。目前应用最为广泛的水平紊动模型是 Smagorinsky[1] 基于大涡模拟(LES)提出的形式,认为紊动强度和网格尺度、流速梯度均有关。至于垂向紊动模型则存在采取经验拟合紊动系数和基于紊流闭合方程两种方式;其中前者主要有线性分布[2]、指数分布[3]、二次分布[4]、对数分布[5]、混合型分布[6]以及幂级数配合最小二乘法[7]等不同形式;后者主要存在零方程、一方程和二方程几种形式[8]。在很长一段时期内,以 Rodi[9] 发展的基于紊动能量和传输长度的二阶 $k-\varepsilon$ 闭合模型应用最为广泛。然而,Mellor 和 Yamada[10] 综述和评价了几种常见的紊流闭合模型,建议在海洋流动的模拟中采用 2.5 阶紊流闭合模型,从而成为近年来潮流模拟中的另一个主要模式。

当动量方程和紊流模式确定后，在具体的数值求解技术上，基于不同考虑，潮流数学模型的计算格式、网格配置等均呈百花齐放、丰富多彩的状态。在求解技术上，总体可分为有限差分法[11]、有限单元法[12]、有限体积法[13]等，其中 Chen, C. J 亦曾提出有限分析法；在平面网格划分上可存在矩形网格、正交曲线网格，一般曲线网格和无结构网格；垂向网格划分上存在 z 坐标[14-16]、ρ 坐标[17,18]、σ 坐标[19]、双 σ 坐标[20,21]和半谱模型[22]等几种形式。在网格变量配置中，可分为 A 网格、B 网格和 C 网格等几种基本形式，根据 Arakawa 和 Lamb[23]的讨论，在海洋运动控制方程的求解中 C 网格效果最佳。在动量方程求解时，又可包括模式分裂技术[24,25]、半隐求解技术[26,27]、分裂算子技术[28]等。

频繁露滩处的动边界处理也是潮流模拟中的热点问题，目前对动边界的处理包括干湿网格判断法[29]、冻结法[30]、切滩法[31]、窄缝法[32]、线边界法[33]和开挖法[34]等，此外，史峰岩[35]，Xie 等人[36]和 Oey[37]等也分别根据不同考虑对动边界的处理进行了研究。

根据以上综述的不同方程假设、紊流模型、求解模式和网格配置，在对潮流运动的三维模拟中，当前已存在大量较为成熟、通用的数值模式和软件包，其中较为著名的包括 Princeton 大学开发的 POM 模式[38]，Blumberg[39]开发并经朱建荣[40]改进的 ECOM - Si 模式，Chen 等人[41]开发的 FVCOM 模式，Shchepetkin 和 McWilliams[42]开发的 ROMS 模式等，不一而足。商业软件则主要包括荷兰 Delft 水力学开发的 DELFT3D、丹麦水力学所 DHI 研发的 MIKE3 以及美国的 SMS - RMA10 等。

在几十年的理论和实际工程考验中，各家模式均发挥了可喜的效果，并广泛应用在海岸工程的流场研究中。应该说，在潮流问题上，各家模式和软件的模拟结果无量级上的差异。综上所述，由于基本方程的形式和各种方程求解理论已接近成熟，潮流运动模拟发展的方向当前多数集中在紊流模拟、边界层问题、动边界问题和计算网格配置方案等细部问题中，以使得计算流场精度得到进一步提高。

1.2.2 波浪模拟综述

经归纳，当前对波浪现象的模拟主要存在三种主流模式，分别为缓坡方程模式、能量守恒和能量谱模式以及 Boussinesq 方程模式。

(1)缓坡方程模式。在假设缓变水深的基础上($\nabla h/kh \ll 1$；其中 h，k 分别代表水深和波数)，Berkhoff[43]推导了缓坡方程的椭圆形式(Eplitic MS)，然而该形式直接求解时需在波长范围内至少布置 8 个计算节点，难以适用于求解域范围较大的算例；此外，Berkhoff 形式中也未考虑底摩阻、波浪破碎和波流相互作用等物理现象。因此，许多学者进一步引入了其他假定，以改进缓坡方程的形式。改进工作主要包括两个方向,第一是方程形式简化:Kirby 和 Dalrymple[44]采用抛物近似的方式简化了缓坡方程,被称为抛物缓坡方程(Parabolic MS);Copeland[45]提出双曲近似的缓坡方程形式(Hyperbolic MS);Ebersole[46]也提出了改良后的缓坡方程形式等不同形式。第二是方程推广:Booji[47]在缓坡方程中考虑了底摩阻的影响;Kirby[48]利用小波展开理论将缓坡方程推广至适应陡变地形的条件。此外,国内学者冯卫兵[49]、吴中[50]也利用各种理论对缓坡方程进行了推广,使得缓坡方程可以应用于反射、绕射等波浪现象的模拟中。

(2)能量守恒和能量谱模式。实际海洋中波浪多以不规则波形态传播,此外对于海岸工程,往往不需要关注波浪的传播具体过程和质点运动轨迹,而多只关心波浪的高度、周期和方向等主要参数。基于以上考虑,在模拟中以基于波浪频谱的能量守恒原则,发展了一系列的模型。在近岸地区,能谱模型可以将表面风能输入[51,52]、白浪耗散[53]、波浪破碎[54]、波浪间相互作用[55]等现象以源汇项的形式综合考虑。在国外波浪模式中,对波浪频谱的描述多采用 JONSWAP 谱和 P - M 谱,而在国内也有学者考虑了文圣常谱。

(3)Boussinesq 方程模式。Boussinesq 于 1872 年直接基于 Navier - Stokes 原始方程形式,给出了一维 Boussinesq 方程形式。理论中以水动力平衡理论考虑垂向加速度,描述了波浪运动中质点的运动轨迹。Peregrine[56]将 Boussinesq 方程进一步发展至二维形式。经典的 Boussinesq 方程具有弱色散关系,在求解时最大水深和深水波长之比 $d/L_0 \leqslant 0.22$,因此仅适用于浅水地区。针对近岸波浪,波长较小且周期仅在秒的量级,从而网格布置必须在单个波长达到 8 个节点以上。为了尽可能降低苛刻的计算条件,多年来许多学者尝试利用各种理论对 Boussinesq 方程进行简化或改进,提出了各种方程形式和求解方案。其中具有代表性的包括 Abbott 等人[57],McCowan[58],Madsen 等人[59],Madsen 和 Sorensen[60],Nwogu[61],Gobbi 和 Kirby[62]与朱良生[63]等。

在当前的波浪模拟技术条件下,很难寻找到一种可以既保证大范围精度,又能保证局部波浪变形精度的数学模式,而均是在不同简化条件下才能实现。无论是基于何种理论和考虑,各种波浪模式均不能达到完全的通用性,因此均有限制条件和应用范围,需要在计算中根据具体研究对象选择模型。在实际工程应用中,多首先采用缓坡方程模式或能谱模式计算大范围波浪场参数并提供相应的局部边界条件,而在存在建筑物的港内细部波浪模拟时采用以上边界换用 Boussinesq 模式进行求解,这样既可以节省计算时间,又可以在一定程度上保证精度。

基于不同的波浪理论,当前也存在许多应用较为广泛的软件包和计算模式,例如缓坡方程模式中有 DHI 开发的 MIKE - EMS、MIKE - PMS;能谱模式有 Delft 水力学所开发的 SWAN 和 DHI 开发的 MIKE - NSW、MIKE - SW；Boussinesq 模式中的 MIKE - BW；此外 Kirby 和 Dalrymple[64] 在缓坡方程基础上结合非线性绕射方程，开发了 REF/DIF 模式等。

1.3 波流耦合作用研究进展

在初级阶段的海岸动力研究中，多数将潮流和波浪在模拟中分离讨论。然而，实际海洋中的波浪和潮流是一个同时存在，并完全耦合的整体，其中波浪的存在影响了潮流的运动规律，而潮流的存在又会反馈于波浪的生成和传播。因此，在海岸工程中，特别是波浪和潮流同等重要的浅水地区，简单地分离波流便显得粗糙。

从流体力学角度来说，潮波本身亦可视为波长极大、周期极长的另一种波动形态。因此采用直接求解完备形式的 Navier - Stokes 方程可从理论上根本解决这一耦合问题。然而在数值模拟中，潮流和波浪无论在时间上，还是空间上尺度都相差甚远，受制于当前的计算条件，在海岸工程水动力模拟中无法保证如此分辨率的网格所带来的计算耗时。因此，当前的模拟手段中，多数采用“半耦合”的思路，并提出“波流相互作用”的概念。随着人们重视程度的提升，这一课题已成为近年来国内外研究的一个热点。

1.3.1 波浪对潮流运动的影响

潮流的运动尺度与波浪相比非常大，因此在实际模拟中，可以潮流运动方程作为载体，而将波浪的影响以波周期平均的动量形式嵌入水动力控制方程中加以表征。根据当前研究结果，波浪对水体的运动的影响以三种形式为主：

(1)波生时均剩余动量。Longuet - Higgins[65] 指出波浪周期平均动水压与静水压的差值将带来时均动量的梯度。从而引起剩余动量的净传输，并定义为这种波生动量为波浪辐射应力(radiation stress)，并推导了水深平均意义下的辐射应力表达式，在理论上解释了近岸增减水(set up/down)、沿岸流(longshore current)和裂流(rip current)等平面波生流现象。从本质上来讲，辐射应力的物理含义是波生时均剩余动量，但应指出，经典的辐射应力是沿水深积分后得到的，因此只能够应用于二维模式中。在三维模式中，在对这一理论认识不深刻的时期，只能简单假设波生时均剩余动量在垂向分布均匀，然而，由于波浪质点运动轨迹在垂向并不相等，一般来说表面质点振幅较大而底部较小，因此时均剩余动量在垂向上应有其特殊的分布规律，并且这种垂向不均匀分布对近岸波生流，尤其是底部离岸流(undertow)的形成也有较大影响。因此，研究波生时均剩余动量的垂向分布成为当前海洋科学中的前沿课题。

采用不同推导方式和不同的认识角度,近年来国内外许多学者分别提出理论计算时均剩余动量的垂向分布。归纳起来,主要包括 Groeneweg 和 Klopman[66] 与 Ardhuin 等人[67] 的广义 Lagrangian 平均(GLM)法,Mellor[68,69] 的垂向映射法,McWilliams 等人[70] 的涡街作用力法,Xia 等人[71] 与 Newberger 和 Allen[72] 的 Eulerian 平均法,Zhang[73] 的垂向动量方程简化法等。此外,针对近岸浅水波浪条件,Zheng[74] 在二阶 Stokes 波理论下进一步推导了波生剩余动量分布及其随时空的发展过程,Svendsen 等人[75] 利用椭圆余弦波理论结合追踪波面法,Wang 等人[76] 应用高阶波理论亦分别推导了相应的表达式。然而,对时均剩余动量的研究目前仍停留在理论分析阶段,从而呈现百花齐放的状态,虽然几种垂向表达式的沿深度积分均与 Longuet - Higgins 辐射应力形式相同,但其垂向分布形态并不一致,甚至在某些水深区域数值截然相反[77]。

鉴于三维时均剩余动量的研究进展,许多学者亦尝试将其引入潮流运动方程中。在基于 Lagrangian 法的公式中,波浪动量项往往以隐式形式表达,从而较难耦合。因此,基于 Euler 法的理论得到更为广泛的应用。Xie 等人[78] 将 Xia[71] 公式引入 POM 模式;吴相忠[77] 和谢媛媛[79] 分别将 Zhang[73] 公式引入 ELCIRC 和 COHERENS 模式;Warner 等人[80] 也将 Mellor[69] 公式应用于 ROMS 模式中。但是,在以上模式中,均未有效结合实测数据对波生流模式进行全面的论证,是实践的空白。

(2)破波引起的表面水滚。根据 Longuet - Higgins 的时均剩余动量理论,破波点附近应是增减水(set - up, set - down)和波生流分布曲线的转点位置。然而,大量观测数据显示,这一转折点,包括最大减水点和沿岸流的峰值位置并非出现在破波点,而是出现在破波带以内一定距离。这就使得经典的时均剩余动量概念在描述这一现象时存在限制。为了解决这一问题,Svendsen[81,82] 指出在破波点以内,波浪形态产生变化,特别是波面弯曲出现崩破波(spiller)和卷破波(plunger)等现象,这种表面的卷曲使得动量在表面产生传递,从而是一个必要的动力现象。

因此,Svendsen[81] 由此提出表面水滚的概念(surface roller),并认为破波带内出现的水滚会对表层水体产生作用,从而使得增水点和沿岸流峰值位置均向岸线方向推移。为了描述这一现象,Duncan[83],Okayasu 等人[84] 和 Englund[85] 分别采用经验关系对表面水滚进行评价;Dally 和 Brown[86] 首次利用能量守恒关系建立了一个描述水滚发展的传输方程;Tajima 和 Madsen[87] 与 Goda[88] 分别修正了 Dally - Brown 方程,修正了耗散项,并考虑了不均匀底坡对能量损耗的贡献。

(3)波浪附加紊动。波浪质点运动同时具有水平振幅和垂向振幅,并以往复振荡的形式出现,将会形成与紊流类似的特征,使得流场各垂向分层间掺混增强,形成动量的层间传递。这种附加掺混或粘性将会改变流速结构的分布,特别是在波高较大的区域,强烈的水体震荡使得流速有向均匀化发展的趋势。许多学者曾尝试用不同理论和假设对波浪造成的垂向掺混问题进行研究。Putrevu 和 Svendsen[89]提出了一个波浪紊动动量传递模型,然而其模型公式十分复杂。与潮流模拟类似,目前在这一现象的模拟中多数采用紊动粘性或掺混系数进行参数化,并认为波生紊动与波高、周期和水深等因素有关。

针对水平紊动系数的取值,应用较为广泛的有 Longuet - Higgins[65]公式,Battjes[90]公式和 Larson - Kraus[91]公式等;针对垂向紊动系数的研究相对较少,Tsuchiya 等人[92]在模拟中对全水深取常值。此外,苏联学者根据紊流理论结合线性波理论对波浪紊动现象进行推导,认为紊动系数在垂向应有一定的分布,并由王尚毅[93]由对泥沙现象的模拟中引入。

1.3.2 潮流对波浪传播的影响

在提出辐射应力概念的同时,Longquet - Higgins 也指出在波浪的传播过程中,如遭遇水流,将会使波面产生变形。当波流同向时,波高增大,波长缩短;而当波流逆向时则波高降低,波长增大。从概念上讲,流场对波浪的影响应在波浪模拟中加以反映。李玉成[94,95]分别利用缓坡方程和 Boussinesq 方程理论分别推导了不规则波在定常流条件下的折绕射数值模型;严以新[96]利用变分原理导出了考虑流作用的波动方程;Kirby[97]采用波作用量守恒理论给出了考虑流场的缓坡方程形式;蒋德才和台伟涛[98]推导了非均匀流场中随机波的折绕射模型。此外,Whitham[99], Brevik 和 Aas[100]与 Liu[101]等人也分别进行了研究。然而,由于这一课题的复杂性,目前仍处在讨论阶段,很难找出一个通用、有效的计算模式。

1.3.3 波流共存的底部边界层

当波浪存在时,特别是在浅水区域,波浪的质点运动将会极大增强底部剪切力,对床面泥沙的起动起到至关重要的作用。针对波流共存的边界层理论,目前主要存在两种研究方式,一种是建立边界层内运动方程,并引入紊动粘性系数对方程进行封闭。其中对紊动粘性系数的取值也存在许多形式[102,103],当前较为流行的是 $k-\varepsilon$ 紊流闭合模型[104]。

此外,由于在实际海岸泥沙运动中,底部剪切力往往控制了泥沙的起动和悬扬,是大多数模型中的重要参量。因此,采用摩阻系数的概念可以更加直接的求解与工程相关的变量,且形式简单,并定义波流共存的底部剪切力 $\tau_b = \frac{1}{2} f_{cw} \rho u_{cw}^2$,其中$f_{cw}$为共存时的摩阻系数。由于波浪与潮流运动周期差异很大,且波浪质点运动具有垂向分量,因此在叠加时需要引入假设,并对波浪切应力采用周期平均$\tau_{w,mean}$和周期内最大值$\tau_{w,max}$两个量,一般来说,在水流运动方程中多采用$\tau_{w,mean}$,而在泥沙运动方程中多采用$\tau_{w,max}$作为起动的切力值。在几十年的研究中,对这一系数的研究积攒了大量文献。最初的研究者应为Jonsson[105],此后Swart[106],Fredsфe[107],Grant和Madsen[108],Signell等人[109],Soulsby[110],Voulgaris等人[111],Styles和Glenn[112]等人均采用不同假设考虑了波浪、潮流及其共存条件下的影响,提出了各自的表达式,其中以Grant - Madsen[108]公式,Soulsby[110]公式和Styles - Glenn[112]公式应用最为广泛,并嵌入了几种通用的海洋水沙运动模式ECOMSED、MIKE21 MT和EFDC中。

1.4 粘性泥沙运动模拟进展

在以粘性泥沙为主的淤泥质海岸,泥沙现象往往是工程最为关心的课题,例如堤线修筑引起的冲刷、进港航道和港池的回淤等。从理论上讲,在对泥沙现象的模拟中包括两个主要方面:一是泥沙在水体中的运动描述;二是水沙的近底物质交换。

对于粘性底床,Patheniades[113]指出泥沙在水动力的作用下直接以絮团的形式进入水体成为悬移质,而仅有极少的部分以推移或跃移的形式存在。这一结论已被大量试验和观测所支持,并得到国际范围内的公认。因此,在对粘性泥沙在海水中运动的描述中,基于悬移质的对流扩散方程是最为常用的形式。在几十年的发展中,基于对流扩散的方程形式一直沿用至今。从而在对粘性泥沙的研究中,重点便落在泥沙本身的特征上,包括近底通量的确定、絮凝和沉降、床面固结和浮泥现象等。

1.4.1 近底通量研究

近底通量反映了底床泥沙与上层水体的物质交换程度,也是泥沙运动数值模拟中的底部边界条件,其包括床面冲刷(erosion)和淤积(deposition)两个方面。

在近底通量的描述方式上,国际范围内主要采用以床面切应力为判据的模式;而国内则多采用基于挟沙力的模式。经作者分析,挟沙力模式可将含沙量与水动力直接建立关系,应用简便,但其推导前提是恒定流条件,因此更适用于河流中水流较为稳定的工况;而在海岸地区,潮流是非恒定的,流速、流向改变在小时的尺度上,从而难以达到挟沙力公式所要求的稳定状态,故采用物理意义清晰的切应力模式更为合适。实际上,近年来在国内学者的研究中,也逐渐倾向采用切应力模式。

在对非粘性泥沙的研究中,多认为冲淤可在同一时刻出现。而在对粘性泥沙近底通量的研究中,多假设冲淤彼此排斥[114-116],即在一个给定的床面剪切力情况下,或仅发生冲刷,或仅发生淤积,存在一种不冲不淤的中间状态。

几十年来,许多学者对近底通量的确定作了大量研究。粘性泥沙颗粒间具有很强的粘结力,使得其运动以絮团状为主,并同时受到温度和盐度的影响,采用经典重力模型难以刻画这一特性。目前对粘性泥沙近底通量的研究以往多采用水槽试验拟合关系为主;近年来,随着试验仪器的不断发展,也有学者直接在现场对这一现象进行研究,例如 Maa 等人[117]开发的 VIMS Sea - Carousel 等。实际上,当前在对近底通量的测量上,通常采用分级改变床面切应力,并分析水体中总含沙量变化的方式进行判断,含沙量增加认为底床冲刷,含沙量降低认为出现淤积。作者认为这种判据实际暗含了冲淤排斥的假设,如果冲淤可同时出现,则无法通过含沙量变化来定量分离这两种相反的过程。所以,如采用以上文献中的结论,也实际上隐含承认了冲淤独立假设。然而也有学者,例如 Sanford 和 Halka[118],Chan 等人[119]对这一经典假设提出质疑。

(1)冲刷通量(re - suspension)

目前在对冲刷通量的计算中,大多数采用 Partheniades[113]提出的线指数模型,形式为:

$$E = M\left(\frac{\tau_{\mathrm{b}} - \tau_{\mathrm{ce}}}{\tau_{\mathrm{ce}}}\right)^{n} \tag{1-1}$$

式中,M 为冲刷率;n 为冲刷指数;τ_{b} 为床面处切应力;τ_{ce}为临界冲刷切应力。

临界冲刷切应力 τ_{ce}是判断冲刷出现的重要标准。研究显示,τ_{ce}随泥面下深度增加而有迅速增大趋势。根据这一特征,Mehta[120]将底床冲刷分为有限冲刷和无限冲刷两种模式(也可见文献[118,121,122])。所谓有限冲刷模式,即认为由于τ_{ce}随深度增大,只存在有限的泥沙可以起悬,公式多数采用幂级形式 $E=A[\tau_{\mathrm{b}}-\tau_{\mathrm{ce}}(z)]^{n}$,或指数形式 $E=A\exp\{\alpha[\tau_{\mathrm{b}}-\tau_{\mathrm{ce}}(z)]^{\beta}\}$。无限冲刷模式其假定 τ_{ce}不沿深度变化,底床沙源无限供应,多采用线指数公式:$E=A(\tau_{\mathrm{b}}-\tau_{\mathrm{ce}})^{n}$,或更加简化为线性:$E=A(\tau_{\mathrm{b}}-\tau_{\mathrm{ce}})$。Sanford 和 Maa[121]在假设 τ_{ce}数值沿深度线形增加的基础上推导了一个同时适用于有限和无限冲刷的公式,并根据数学分析,认为冲刷类型究竟是有限还是无限不仅取决于泥沙特性,也与海洋动力的时间变化率相关。此外,Maa 等人[123]根据研究认为冲刷是一个快过程,15min 内即可接近冲刷平衡,从而认为冲刷仅发生在潮流加速过程中，而减速时不发生冲刷。

(2)淤积通量(deposition)

淤积的概念首先来自 Krone[114]，其定义为在沉降过程中直接粘结在床面，可成为底床一部分的那些泥沙。如泥沙降至床面仍可随水流输运或滑移，则仍属于输运(transport)的物理范畴，而不被称为淤积[124]。目前，对淤积通量的计算广泛采用“淤积概率”的概念，有：

$$D = \omega_s C_b P \tag{1-2}$$

式中，C_b 为床面处含沙量；ω_s 为絮凝沉速；P 为淤积概率。天然状态下，近底泥沙并非全部落淤于床面，而仅有部分泥沙能够直接粘结在底床而成为床面的一部分。P 表征了近底泥沙絮团的沉降相异性，亦是一个较难取值又十分重要的参数。当前应用最为广泛的是线性表达式：

$$P = \begin{cases} 1 - \dfrac{\tau_b}{\tau_{cd}} & \tau_b < \tau_{cd} \\ 0 & \tau_b \geq \tau_{cd} \end{cases} \tag{1-3}$$

式中，τ_b 为床面处的剪切应力；τ_{cd} 为临界淤积切应力。此外，Partheniades[116] 将淤积概率与絮团尺度建立关系，并用统计的观点推导了 P 的表达式。

不管是 Krone 模式还是 Partheniades 模式，均将 τ_{cd} 作为淤积出现的判据。然而，根据近期的研究成果，τ_{cd} 的存在性也受到一些学者的质疑。Sanford 和 Halka[118] 根据对 Chesapeake 海湾现场泥沙运动的观测，发现只要床面剪力处在降低过程中，淤积即出现，尽管该剪力超过临界冲刷切应力 τ_{ce}，并据此怀疑 τ_{cd} 的存在性；除现场观测外，Chan 等人[119] 利用环形水槽在实验室中也得到相似结论。

综上分析，尽管对近底通量的研究持续了几十年，积攒了大量经验，由于原型的复杂性，研究只能停留在间断、分离的阶段，对一些概念仍存有争议。因此，在模式开发中，鉴于当前认知水平，往往倾向于选择较为成熟、承认度较高的理论。

1.4.2 絮凝与沉降研究

粘性泥沙在海水中以絮凝体的形态存在已是公认的事实。围绕絮凝沉速的确定，国内外存在大量文献成果。根据杨美笙等人[125] 的综述，絮凝体的沉降速度与含沙量、流速、盐度，甚至生化、电化学特性等均有关系，其中最主要的因素是含沙量。此外，絮凝体本身并不是稳定的结构，可在内部剪力的作用下聚合和分散，是极为复杂的过程。一般来说，对絮凝沉速的描述多以线指数形式为构架，认为其与

含沙量 C 有关,式中 α、β 为经验系数。

$$\omega_s = \alpha \cdot C^\beta \tag{1-4}$$

Mehta[126]指出,当含沙量达到一定数量级时(大致在 30 ~ 100kg/m^3),粘性絮团间碰撞几率加强,从而将大量絮团聚合成一个网状结构,使得沉速降低,并称这一现象为制约沉降(hindered settling)。此外,当含沙量进一步加大达到胶结点(gelling point)时,近底泥沙开始发展成具有床面特征的结构,沉速已接近零。图 1-1 中给出了这一现象的概念示意图。

此外,水体的紊动特性对絮体结构有重要影响,特别是在紊动强度很强的水体中,絮体将在剪切力的作用下破碎,称为絮散(de - flocculate)。Burban 等人[127]将内部剪力概念引入沉速表达式中,以便于对这一现象进行评价。此外,随着数学理论的进步,近年来许多学者开始尝试用分形几何的观点对絮体进行描述[128,129],并指出絮凝体的分型维数在 1.2 ~ 2.6 之间不等。

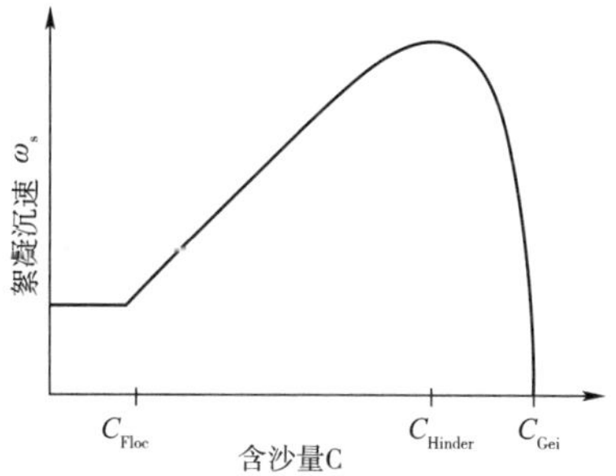

图 1-1 絮凝沉速发展示意图

以往对沉速的研究多数采用室外取样配合 Owen 管[130],长直水槽[131]或环形水槽[132]进行,然而 Sanford 和 Halka[118]研究认为在实验室中不能产生和实际海洋水体中当量的紊动强度,也不能得到较大的絮体,从而推导的沉速公式可能存在误差。因此,在现场直接测量沉速是近年来一个新的方向,许多学者进行了有益讨论,例如 Maa 和 Kwon[133]利用 ADV 对 York River,程江等[134]利用 LISST - 100 配合 OBS 对长江口徐六泾絮凝体沉速进行测量,取得了一定成果。

大量研究显示,粘性泥沙在海水中的沉降速度多在 10^{-1} ~ 1mm/s 的量级。实际上,在每个单次试验中,无论是现场还是室内,所取用的絮凝体尺寸、分形维度等都存在差异,因此笔者建议在模拟中,应尽可能针对当地泥沙特征和实测资料获取信息,以更好的保证模拟合理性。

1.4.3 床面与浮泥研究

在沙质海岸的泥沙研究中,泥沙颗粒以单个形式存在,从而水沙交界面清晰;然而在淤泥质海岸,由于泥沙颗粒间存在很强的粘结力,在床面附近以絮网结构存在,絮网中含水量极高,且排水固结(consolidation)的速度极为缓慢。此外,在根据双频探测仪测深时发现,在淤泥质海岸可发生底部浮泥(fluid mud)现象,根据 Danker 和 Winterwerp[135]的定义,浮泥是当含沙量达到一定数量级时(大致在

50kg/m^3 至 100kg/m^3 左右）形成的流塑性泥沙体。浮泥首先具有底床的特征，可以直接在剪切力的作用下起悬，但同时也具有流体特征，可以独立于水体的速度进行缓慢的运动并形成界面波，是从高含沙水体到底床间的过渡状态。根据国内外学者的研究成果，大致认为当泥沙重度在 10.5 ~ 12.0kN/m^3 之间时可认为是浮泥的范畴。

以上综述表明，在淤泥质海岸的水沙交界面可存在一种自高含沙量水体至固结底床的过渡状态，这就带来两个问题：第一是如何定义学科意义上的底床界面；第二是浮泥的形成机理与运动规律。

Sills and Elder[136] 利用土力学概念，认为浸润泥沙在重力作用下的排水固结是形成床面的主要机理，并由此采用有效应力为零作为形成底床的临界条件，并指出含沙量在 140 ~ 204g/L（折合重度在 1.2kN/m^3 左右）时开始形成具有床面特征的结构。Maa 等人[137] 采用超声探测对浮泥和床质泥沙进行研究，并根据声波传播速度的折点对浮泥与底床进行划分，并认为形成底床的重度大致在 1.3kN/m^3 左右。

根据以上研究结论，对浮泥和底床的界限重度仍有交叉，这便说明粘性底床的水沙界面并不是十分确定的概念。Winterwerp 和 Walther[138] 认为，浮泥实际是固结发生形成底床的前期阶段。应指出，浮泥现象更容易在大浪天气过后在深槽地区、潮流转流时刻被观测到，特别是进港航道内[139,140]。根据分析，在该条件下，底部含沙量较高，并且航道底部较弱的流速能够加速近底高含沙体向床面结构发展。至于浮泥本身的运动规律，亦有学者尝试采用多相分层流和异重流模式进行探讨[120,141,142]。

由于直接牵扯到泥沙的力学特征，近床面处的物理问题是粘性泥沙研究中最为困难的课题之一。由于对床面处的观测手段有限、实测资料大量贫乏，加上泥沙本身的高度随机性和各向异性，故对这一区域的研究难以深入，机理的研究相对滞后，处于定性的阶段。

综上分析，尽管对粘性泥沙运动这一课题存在丰富的文献和成果，在宏观上亦有应用广泛的理论和工程实例，但就学科本身而言仍处在一个百家争鸣的阶段。实际上，由于原型的复杂性，泥沙问题不像潮流和波浪，可以通过 Newton 力学平衡关系和势流理论来描述，从而在研究中仅能以分离、经验拟合的方式进行探讨。根据模拟对象特征，收集实测资料，把握宏观规律和量级，并在模拟中根据所研究对象慎重选择计算理论是当前粘性泥沙运动模拟的整体水平。

1.5 海岸水沙模拟思路总结

数学工具是在人类认识自然的过程中发展出的有效语言，它可以把具体、零散的自然现象抽炼成物理规律，并以明确、通用的数学方程或方程组形式表达。建立数学模型是一种科学，其意在真实反映自然规律。模型的理论水平决定于对自然规律的认识深度。但是，人类认识自然的过程是探索性、阶段性的，实际海洋中各动力又均带有极强的复杂性与统计性。根据以上对潮流、波浪和泥沙运动研究的综述，在几十年的研究中，对海洋动力的认知水平不断进步，把握了越来越多的规律，取得了大量成果，然而，在每个课题方向也仍存在一定的未知领域和未解决难题，尤其是在对波浪、波流相互作用和泥沙运动中的一些基本概念仍未真正澄清。

此外，实际海洋中的各动力，包括潮流、波浪和泥沙运动均处在一个高度耦合的环境中，与外界能量，包括风、热能、降雨、生化等各种因素混合，并在不同的空间尺度和时间尺度上得到体现。能够反映各种物理本质的“大一统”模型毫无疑问是解决问题的终极方案。然而按目前的科研实力，仍无法实现这样的一种模型。在研究过程中，仅能够采用相对零散的资料对现象进行研究、寻找规律，反映在数学理论上，即是任何方程形式都会引入一定的基本假设。在这些假设中，总的来说都采用了一种“抓住主要矛盾，舍弃次要矛盾”的原则，以分离、间断的方式进行研究。例如在波流耦合的研究中，“相互作用”的概念本质上就是一种分离；在对泥沙近底通量的研究中，往往也仅针对某一特定位置的泥沙样品进行试验，并对规律按照资料进行拟合等。这就使得所建方程在理论上与实际情况总会有或多或少的系统误差。此外，绝大多数理论方程中均存在一定量的待定系数，这种系数或具有物理含义，或只是一个可调整参数，需要率定与验证，因此，如何在实际应用中确定也是模拟中的难题之一。

理论的发展最终需要归结于对实践的指导。在人类探索海洋的过程中，总会遇到各种与水、沙相关的工程问题需要解决。例如防波堤高程、码头高程和泊位选址等确定需要充分评价建筑物前的波高，航道开挖需要评价工程后的回淤强度，堤线工程的建设需要评价对周围流场的影响以及堤头冲刷等。这些都需要理论的支撑。即使在理论模型中存在潜在的系统误差，其作用仍是至关重要的。如何利用基于当前认知水平的理论对实际的工程需求问题进行研究，或者更为形象的说，如何在更大程度上发挥理论的指导作用，便成为一个重要问题。

根据以上论述，应用数学模型不仅是一种理论或研究方法，更是一种概念或者哲学。开发一个数学模式是世界观，而应用一个模式则是方法论。实际上，国外有学者，例如 de Vriend, Latteux, Steijn 等早在 20 世纪 80 年代便已经注意到这一问题，其中 de Vriend 等[143]按照模型应用的原则总结为两类，并分别定义为(1)面向过程的模拟(process - oriented modeling)和(2)面向表现的模拟(behavior - oriented modeling)。

1.5.1 面向过程的模拟

面向过程(process - oriented)的模拟是数值模型中最为经典和常用的思路,其认为任何物理现象都不是孤立存在,而是镶嵌在海洋整体运动的力学背景下。因此倾向从基本力学方程出发,力图真实捕捉自然界各种动力的真实过程,特别是时间过程,并采用最为通用的数学理论,利用精细模式对研究对象进行描述,尽可能耦合所形成现象的所有潜在原因。在模拟中,重点关注所研变量的物理发展过程,追踪变量的“来龙去脉”,尽可能减少理论假设。基于这一考虑,追求通用的、统一的耦合模式是其整体的发展方向。

这一思路的优点在于其物理背景明确,理论上可以精确把握所研变量的真实发展过程,结果可信度高。然而精细模型势必需要求解更多数量的方程组,因此提高了对计算机性能和计算时间的要求。此外,根据 de Vriend 等[143]与 Larson 和 Kraus[144]等的总结,海岸动力特征分别在不同时间尺度上体现,例如紊流、波浪等的发展在秒的尺度、潮流运动在小时的尺度,而滩槽变形则发生在年的尺度上。如果对长时间尺度的现象进行模拟,又要保证短尺度现象的精度,将会使得计算网格数量巨大、时间步长很小,带来无法忍受的计算量。

尽管目前在对水动力模拟方面亦有较为成熟的成果,但是在对海岸粘性泥沙现象的模拟中,学科本身就处在探讨和定性的阶段,从而理论精度本身就难以保证,使得面向过程的模拟在泥沙研究中存在瓶颈,限制了这一思路的运用范围。

笔者认为,面向过程的模拟思路适用于理论较为成熟、时间尺度较短的过程研究,例如潮流场结构、波浪随时间的发展过程、以及一些基于流场的物质扩散现象等。

1.5.2 面向表现的模拟

面向表现(behavior - oriented)的模拟思路首先来自国外学者对岸滩长期演变的研究。其认为岸滩演变现象是在极大时间尺度上得到反映的水沙现象,而潮流和波浪过程则是小尺度现象[144]。虽然潮流、波浪的运动对岸滩变形具有净影响,但具体到某一过程,则具有显著的随机性,尤其是波浪现象。这种小尺度动力叠加在宏观水沙运动之上,往往形成一种短波“尺度噪声”[145],而这种噪声会干扰我们对长期宏观水沙规律的认识。如果面向过程模拟,则不仅带来冗繁的计算量,也同时将小尺度噪声引起的误差嵌入了模拟过程,而直接影响长时间尺度现象的模拟精度。

所谓面向表现的模拟,即认为由于海岸现象存在时间尺度的不匹配,从而在模拟中仅关注与所研变量尺度相近的动力或规律,而不去关心更小尺度现象的具体发展过程，而仅关注其净影响。为了实现这一尺度的匹配，文献[143]中提出两个角度的处理措施。

(1)输入条件简化

由于研究现象的时间尺度较大，为了能够给出与直接过程模拟长期水动力的相近效果，提出“代表水动力”的概念对输入条件进行简化。所谓代表水动力，即定义为针对某一研究变量，可产生与长周期过程模拟“净影响”相近的潮流、波浪等外部动力条件。在模拟中，只需对代表动力进行计算，就可以合理反映出长周期水动力的净效果。Latteux[145]系统研究了基于岸滩演变的代表潮选取原则；Steijn[146,147]，Chesher 和 Miles[148]以及张长宽等人[149]也分别对代表波浪的选取原则进行探讨，得到一些有益结论。

(2)理论方程简化

在输入条件简化的同时，为了匹配尺度，在控制方程或方程组中尽可能去除小尺度动力项的影响，而更加关注对所研变量起到控制作用的方程项，在求解中也根据所研变量的特征，力求尽可能降低可能的维度(例如三维转为二维，二维转为一维，等)。

实际上，我们不应对这种模拟概念感到陌生。在对一些所需尺度较长的海岸泥沙研究课题中，存在许多半经验半理论公式，例如解决航道回淤的刘家驹公式[150]、罗肇森公式[151]、曹祖德公式[152]等；岸滩变形研究中的一线模型、多线模型等。这些公式就明显具有面向表现的模拟性质，首先其采用的输入资料往往是基于长时间尺度的各种“平均”含沙量、波浪和流速参数等，并在推导过程中仅关心主要规律，而不关心具体过程，在工程泥沙研究中取得了显著效果。此外，广泛应用的基于 Navier－Stokes 方程浅水简化的二维模型中，本质上也忽略了垂向结构，从而隐含了面向表现的“降维”思路。

总的来说，面向表现的模拟思路优势在于针对性与应用性强，计算时间节省，并能得到较好的结果。尤其适用于例如滩槽演变，航道回淤，岸线变形等大尺度泥沙相关现象。特别是在工程实践中，我们经常发现，有时经验公式的精度甚至超过精细的过程模拟。但是，这种模拟方式毕竟忽略了真实的力学背景，从而往往仅适用于特定算例，通用性较差。此外也不能研究基于过程的物理现象，例如潮位、流速实时预测以及质点轨迹等的研究中。

1.6　存在的问题

根据以上综述，目前对海岸水沙运动模拟技术已取得相当丰富的成果。然而，无论从模拟理论还是模型应用理念上，仍存在改进的空间。根据笔者认识，结合所研内容,将其归结于以下几个问题。

1.6.1 波生流对水沙运动的影响

必须讲,在实际海洋中,尤其是近岸地区,潮流和波浪是两种同等重要的动力现象。同时考虑波流的作用,不仅对水动力研究具有重要意义,而且也是泥沙运动的水动力背景,不能简单忽略。波流共同作用下的流场和泥沙运动规律是必须考虑的课题。在对沙质海岸水沙动力研究中,通常认为波生流是泥沙沿、离岸输运的基本动力,波生流理论发展较为成熟;而在以粘性泥沙运动为主的淤泥质海岸,多认为潮流是悬移泥沙输送的主要动力,而波浪的作用重点在于掀起底床泥沙、引起含沙量的增高。"波浪掀沙,潮流输沙"作为淤泥质海岸泥沙运动的观念已成为一种基本认识。

在以上认识的引导下,在淤泥质海岸水沙运动模拟中,对波生流现象的研究与评价较少,包括其对近岸水流运动的贡献程度和对悬沙运动的影响规律,考虑中多在二维模型中引入平面辐射应力。但是,实际海洋运动是三维的,即使潮流模拟中可以进行浅水简化,但波生流现象受制于波浪的运动尺度和垂向质点运动,具有三维特性,从而必须利用三维模式进行研究,否则将可能忽略波生流的垂向分布特征。

实际上,无论是沙质海岸还是淤泥质海岸,工程上最为关心的是大浪条件下的工程稳定性,包括淤泥质海岸中的航道强淤和沙质海岸中的堤前淘刷等,但恰在极端天气下,波生流的潜在影响达到最高,因此详尽评价波生流的影响极为重要。因此,本书中将建立一个波流耦合的水沙运动三维模式,并在其基础上详细探讨淤泥质海岸波生流运动规律,及其对海岸流态,进而对悬移泥沙运动的影响。

应指出,由于理论本身仍处在发展阶段,目前对波流耦合现象的模拟存在许多公式,其效果各异。此外,目前理论公式虽多,但严重缺乏实测数据的检验,难以保证理论的可实施性。因此,文中在模型建立的同时,也将收集大量实验室数据对模型进行严格的测试和检验,力求保证模型的适定性。

1.6.2 模拟中的尺度问题

岸滩演变,航道回淤、岸线变形等泥沙相关课题作为长时间尺度现象毋庸置疑。但是,实际海洋动力总是处在一个周而复始,永不停息的过程中。通常认识的短过程现象,例如尺度为小时的潮位、潮流和含沙量、尺度为秒的波浪运动等,如将其放在长期背景下考虑,也均具有一种更为稳定的长期特征。例如潮流运动总处在大、中、小潮的循环中,其宏观规律也需要在月甚至年的尺度上才能得到完全把握;波浪,特别是风浪如在短期是一个完全随机的过程,但在多年尺度上,对于任一个当地海域也总有一个较为稳定的统计关系;而泥沙运移,尤其是悬沙运动,则更是需要在很长时间尺度的背景下才能体现,实际上,我们也常采用各种"平均含沙量"的概念来评估一个海域的泥沙运动宏观特征等。

针对任何一个海域,其潮流、波浪和泥沙运动总是和谐的,有怎样的水动力,怎样的泥沙底质,就对应了怎样的水沙特征。这一特征只能在长期才能得到准确反映,并构成了任一当地海域的独特性。文献[145]中也指出,在模拟中,如基于短过程的规律进行模拟,便可能将小尺度"噪声"引入长期模拟,从而带来误差,并干扰宏观规律。

1.6.3 过程和表现的分离

在1.5节中曾分别总结了对模拟应用的两种基本思路:面向过程与面向表现。Cayocca[153]在对法国Arcon海湾的岸滩演变研究中曾对两种思路的使用范围进行了分析。总的来说,面向过程的模拟适用于短时间尺度现象,而面向表现的模拟适用于长时间尺度现象,特别是泥沙相关现象。面向过程的模拟物理含义清晰,但需要大量资料和计算时间,并难以避免尺度干扰引起的噪声误差;而面向表现的模拟可以消除尺度噪声,且计算节省,但其缺少理论通用性,仅适合某个特定条件,难以推广。

实际上,两种方式互有优劣且彼此补充。在以往的工程模拟中,我们往往按照需求在这两种思路中选择一种。然而,在海岸工程中,通常我们不仅需要了解真实的水动力过程,也同时需要预测长时间尺度现象,这就带来了两种思路的不协调。如对不同的研究对象分别选择模拟方式,则会使得同一个实际课题在研究中缺少同一性,此外,不同模拟思路需要不同尺度的资料支持,也会带来资料本身的衔接不畅。

根据以上讨论,如果能够寻找到一种同时结合过程和表现的模拟思路,既保证计算的理论通用性,又可规避尺度不协调引起的噪声,不失为一个值得探讨的课题。

1.6.4 率定与验证的困境

粘性泥沙运动模型的建立中存在众多待定系数,包括临界冲刷切应力τ_{ce}、临界淤积切应力τ_{cd}、冲刷率M和絮凝沉速ω_s等。而实际中这些系数的取值多数无法在现场测得,从而需要在模型调试中率定。率定后的参数需要利用独立的资料进行验证,检验所建模型的有效性。在面向过程的水沙模拟中,率定与验证所利用的资料通常是现场测量的水流、含沙量时间过程线,资料长度多数在一个至几个潮周期的时间尺度上。

淤泥质海岸泥沙运动十分活跃,含沙量的高低与潮流流速、波高、周期及底质情况均有关联。然而在单次过程中,尽管潮流现象可由理论求得较高的精度,但波浪现象则受制于其随机性而不能准确获得,这就在模拟动力的准确输入上存在难题。此外,在对临界冲刷切应力 τ_{ce} 的确定中,目前多按某次实测底质分布结合泥沙起动公式计算,但根据文献[120,121]中的研究结论,淤泥质底床的临界冲刷切应力随重度改变而沿垂向迅速增大,假如底床冲刷 1cm,则 τ_{ce} 可增加 0.8Pa 以上。实际海岸泥沙在潮流、波浪的长期作用下,底床总处在持续冲淤的过程中,从而即使是同一位置,其底部泥沙的起动特性也随时间持续改变,而这种特征难以在模型中追踪。因此,按照单次测量的底质情况对 τ_{ce} 进行估算的方式在描述长时间尺度地形变化时并不合适。在单次测量中,受到测量前时刻的"背景含沙量(background SSC)"影响,也会使得初始条件难以选择。

此外,除动力元素外,测量仪器精度的影响也会使得短时间尺度测量得到的含沙量信息存在误差。因此,与之前提出的"尺度噪声"类似,在短期测量的含沙量数据同样含有"资料噪声",而这些噪声会干扰我们对实际问题的判断,并引起模拟误差。如果采用这些资料,必须合理过滤信息中的"噪声量",否则将会误导我们的判断[143]。更加需要指出的是,如果利用携带噪声的资料对模型进行率定和验证,则有可能在长尺度现象的模拟中放大误差,影响最终的模拟精度。

1.6.5 淤泥质海岸长周期模拟技术

要实现过程和表现相结合的模拟思路,一个首要问题便是如何针对长时间尺度模拟的前提下对输入条件进行简化。具体到操作上,就是如何选择代表水动力,从而使得长尺度现象模拟可在较短的计算时间下实现。

代表水动力是一个概念动力,并不存在确定的公式,而是随研究对象的变化而变化,具有很强的针对性。在不同地区,不同研究对象的基础上,代表动力的选择均有所差异。所谓"代表",首先需要明确其是在何种意义上的"代表"。在对沙质海岸岸滩演变的研究中,代表动力的研究较为系统,国外 Latteux[145],国内任杰等[154]和张宏伟[155]均针对具体算例对代表潮选择进行探讨。在对代表波浪的研究中,Steijn[146,147]分析了代表波浪场的选择,并提出采用单个代表波浪(SRW)和多个代表波浪(MRW)的思路。此外 Lesser 等[156]和 Roelvink[157]也针对沙质海岸长周期模拟技术进行了有益探讨,并提出"地形加速因子(morphological factor)"的概念。

在沙质海岸岸滩演变的长期模拟中,代表动力的选择判据采用底床变形率和输沙率作为原则。然而,在淤泥质海岸中,粘性泥沙以悬移质的形式存在,此外根据文献[143,145]中的研究,代表动力的选择也和数学模型中公式的选择息息相关。在基于粘性泥沙运动的淤泥质海岸中,代表潮和代表波浪的选择依据目前还缺少研究。

因此,本书中将探讨适合淤泥质海岸的长周期水沙模拟技术,并提出相应代表潮、代表波浪的选择依据和方式。

1.7 研究工作

以上对当前海岸水沙动力模拟水平、模拟思路进行了综述和总结,并提出了一些存在的问题。为了尝试解决这些问题,拟采取理论建模、资料分析、数值试验相结合的整体技术路线,对波流耦合下的淤泥质海岸水沙运动规律进行探索,并以实际算例加以佐证,进行讨论。从纲要层面上,主要划分为两个主要部分:

(1)波流耦合的水沙运动三维模式建立、验证及应用。以国际通用的海洋模式作为平台,引入三维波生流理论,并利用大量试验数据对所建模式的适定性和有效性进行检验、测试和讨论;以连云港海域为实际算例评价和分析淤泥质海岸波流耦合下水沙运动特征,并分析波生流的分布规律及其影响程度。

(2)淤泥质海岸水沙运动模拟整体思路提出、验证及应用。通过分析辨证,提出一个同时结合"过程"和"表现"的水沙运动模拟思路,包括模型的应用理念、输入动力简化方式、率定及验证思路等,并以连云港地区为实际算例,采用大量当地实测资料对这一思路进行检验。

本书的具体章节安排如下:

(1)第2章中,利用海岸动力学理论结合推导,开发一个波流耦合的水沙运动三维数值模式。模式中充分考虑波生流的作用,引入三维波生时均剩余动量、波生紊动效应和破波表面水滚,为后续研究提供理论支撑。

(2)第3章中,利用大量水槽实测数据,对所建模式进行充分检验,详细讨论模式方程的理论合理性、参数的敏感性和取值范围等,保证其适定性。

(3)第4章中,对淤泥质海岸的一个典型算例——连云港地区的自然条件、水沙运动特征进行归纳总结,为后续研究作铺垫。

(4)第5章中,利用连云港海域作为实际算例,在所建模式基础上,研究淤泥质海岸波流耦合下的流场特征,探讨波生流运动规律及其对潮流运动的影响程度,并进行详细分析和讨论。

(5)第6章中,提出一个针对淤泥质海岸水沙运动的、结合过程和表现的整体模拟思路,并以连云港海域为实际算例进行模拟。同时探讨适合淤泥质海岸水沙运动的长周期模拟技术,研究淤泥质海岸代表水动力,包括代表潮和代表波浪的选择依据。此外，也进一步研究模型有效性检验，包括率定和验证思路，并进行详细论证。

(6)第 7 章中，在所建模式及模拟思路基础上，以连云港海域为例，探讨波流耦合下淤泥质海岸泥沙运动规律，并分析波生流的影响程度。

(7)第 8 章中，概述整个文中的核心结论，并展望未来的工作方向。

2　波流耦合下水沙运动三维模式建立

从哲学理念的高度上，Abbott 等人[158]曾将水动力数值模拟的发展划分为四个阶段，依次为(1)发展便于求解的理论公式；(2)开发数值算法、编制程序；(3)建立通用、封装的模拟系统；(4)面向非专业用户定制。根据这一划分，当前数值模拟水平处在第三至第四阶段之间，即"通用模块化结合用户定制"阶段。形象地讲，便是将模拟程序以系统(modelling system)或软件包(cell)的形式呈现，使得非专业人员在欠缺数值模拟背景的条件下，也可以方便地应用以上系统；此外，也可根据用户自身要求在软件包中以插件形式嵌入自己的公式或模块等。值得一提的是，目前国际上涌现了许多较为通用，并经过严格测试的开放源代码，这些代码本身即以"通用模式"的形式呈现，并提供了用户定制的平台。

独立开发数值模式是一个浩大的科研工程，需要对代码进行大量测试，并在经典算例、实际算例中反复检验。但如果以通用、经过测试的开放代码为平台进行二次开发，则可避免重复、繁冗的程序调试和有效性测试过程，并且由于有了公共平台，其算法结构、网格配置等便可以有效沿用，并只需对修正的插件部分进行测试与说明，从而所得研究结论有更高的承认度。

目前，国际上已存在许多开放源代码的三维水流、泥沙计算模式，由于模式间应用的理论存在差异，从而分别适用于不同的水沙现象模拟。美国 HydroQual 公司开发的 ECOMSED 模式专门针对以悬移质为主的海岸泥沙运动现象开发，可很好地适用于对淤泥质海岸潮流、泥沙运动的模拟中，经国内外大量理论、实际案例的测试，已得到业内的广泛认可。综上所述，本章中将以 ECOMSED 模式作为平台，并在其基础上进行二次开发。根据上述分析，由于建立在经测试的通用平台上，对模式方程讨论、算法结构、稳定性和适定性的分析与讨论便可不再重复进行。

2.1　潮流计算模式

控制方程采用经雷诺平均的三维 Navier－Stokes 方程组，模型中采用静压假设和 Boussinesq 假设。由于潮流计算模式不为主要工作，且在代码说明书[159]中有详尽阐述，因此以下仅对其主要控制方程、边界条件和求解格式略作介绍。在方程形式转换中，垂向采用考虑地形贴体的 σ 坐标系[19]，图 2-1 中示意了 σ 坐标系下的垂向网格配置；在水平方向上，虽然 ECOMSED 原始代码中可考虑正交曲线坐标系，但由于本书中工作以理论探讨为主，Cardesian 坐标系虽然较之曲线坐标系对岸线的适应性略低，但由于其可消除由于方程形式转换而引起的附加数值项作用，便于比较与分析。因此，方程离散求解仍采用经典的 Cardesian 坐标系。关于 Cardesian 坐标系至曲线坐标系的转换可见文献[159]。

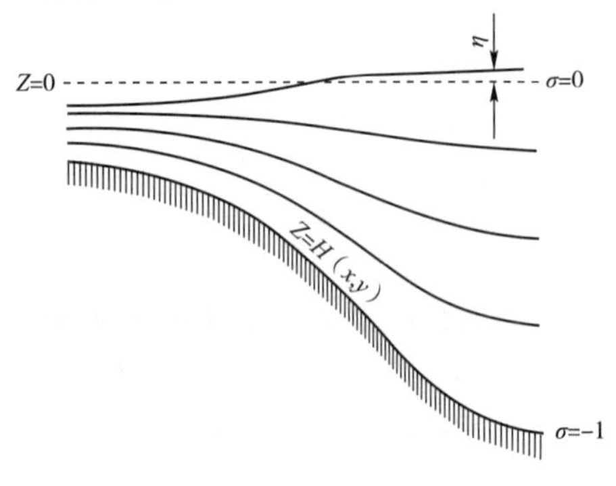

图 2-1　垂向 σ 坐标系示意图

2.1.1　基本方程

原始形式的潮流连续方程、动量方程和垂向流速转换方程分别可写为：

$$\frac{\partial\eta}{\partial t}+\frac{\partial UD}{\partial x}+\frac{\partial VD}{\partial y}+\frac{\partial\omega}{\partial\sigma}=0 \tag{2-1}$$

$$\frac{\partial UD}{\partial t}+\frac{\partial U^2D}{\partial x}+\frac{\partial UVD}{\partial y}+\frac{\partial\omega U}{\partial\sigma}-fVD+gD\frac{\partial\eta}{\partial x}=-\frac{gD^2}{\rho_0}\int_\sigma^0\left[\frac{\partial\rho}{\partial x}-\frac{\sigma}{D}\frac{\partial\rho}{\partial\sigma}\right]\mathrm{d}\sigma+\frac{\partial}{\partial x}\left(2A_MD\frac{\partial U}{\partial x}\right)+\frac{\partial}{\partial y}\left[A_MD\left(\frac{\partial U}{\partial y}+\frac{\partial V}{\partial x}\right)\right]+\frac{\partial}{\partial\sigma}\left(\frac{K_M}{D}\frac{\partial U}{\partial\sigma}\right) \tag{2-2}$$

$$\frac{\partial VD}{\partial t}+\frac{\partial UVD}{\partial x}+\frac{\partial V^2D}{\partial y}+\frac{\partial\omega V}{\partial\sigma}+fUD+gD\frac{\partial\eta}{\partial y}=-\frac{gD^2}{\rho_0}\int_\sigma^0\left[\frac{\partial\rho}{\partial y}-\frac{\sigma}{D}\frac{\partial\rho}{\partial\sigma}\right]\mathrm{d}\sigma+\frac{\partial}{\partial y}\left(2A_MD\frac{\partial V}{\partial y}\right)+\frac{\partial}{\partial x}\left[A_MD\left(\frac{\partial V}{\partial x}+\frac{\partial U}{\partial y}\right)\right]+\frac{\partial}{\partial\sigma}\left(\frac{K_M}{D}\frac{\partial V}{\partial\sigma}\right) \tag{2-3}$$

$$\omega=W-U\sigma\left(\frac{\partial D}{\partial x}+\frac{\partial\eta}{\partial x}\right)-V\sigma\left(\frac{\partial D}{\partial y}+\frac{\partial\eta}{\partial y}\right)-\left(\sigma\frac{\partial D}{\partial t}+\frac{\partial\eta}{\partial t}\right) \tag{2-4}$$

式中，$\sigma\in(-1,0)$ 为垂向坐标；η 为自由水面；t 为时间；U 和 V 分别为 x、y 方向的水平流速分量；ω 和 W 分别为 σ 坐标系和 z 坐标系下的垂向流速分量；D 为总水深；f 为科氏力系数；g 为重力加速度；K_M 为垂向紊动粘性系数；A_M 为水平向紊动粘性系数；ρ 为水体质量密度；ρ_0 为相对密度。

垂向紊动模式采用 Mellor - Yamada 2.5 阶紊动能量与混合长度输运方程[10]，可以写作：

$$\frac{\partial q^2 D}{\partial t} + \frac{\partial U q^2 D}{\partial x} + \frac{\partial V q^2 D}{\partial y} + \frac{\partial \omega q^2}{\partial \sigma} = \frac{2K_{\mathrm{M}}}{D}\left[\left(\frac{\partial U}{\partial \sigma}\right)^2 + \left(\frac{\partial V}{\partial \sigma}\right)^2\right] +$$

$$\frac{2g}{\rho_0}K_{\mathrm{H}}\frac{\partial \rho}{\partial \sigma} - \frac{2q^3 D}{A_1} + \frac{\partial}{\partial x}\left(A_{\mathrm{H}} D \frac{\partial q^2}{\partial x}\right) + \frac{\partial}{\partial y}\left(A_{\mathrm{H}} D \frac{\partial q^2}{\partial y}\right) + \frac{\partial}{\partial \sigma}\left(\frac{K_{\mathrm{q}}}{D}\frac{\partial q^2}{\partial \sigma}\right) \quad (2\text{-}5)$$

$$\frac{\partial q^2 l D}{\partial t} + \frac{\partial U q^2 l D}{\partial x} + \frac{\partial V q^2 l D}{\partial y} + \frac{\partial \omega q^2 l}{\partial \sigma} = \frac{l E_1 K_{\mathrm{M}}}{D}\left[\left(\frac{\partial U}{\partial \sigma}\right)^2 + \left(\frac{\partial V}{\partial \sigma}\right)^2\right] +$$

$$\frac{l E_1 g}{\rho_0}K_{\mathrm{H}}\frac{\partial \rho}{\partial \sigma} - \frac{q^3 D}{B_1}\widetilde{W} + \frac{\partial}{\partial x}\left(A_{\mathrm{H}} D \frac{\partial q^2 l}{\partial x}\right) + \frac{\partial}{\partial y}\left(A_{\mathrm{H}} D \frac{\partial q^2 l}{\partial y}\right) + \frac{\partial}{\partial \sigma}\left(\frac{K_{\mathrm{q}}}{D}\frac{\partial q^2 l}{\partial \sigma}\right) \quad (2\text{-}6)$$

式中，$q^2/2$ 为紊动动能；l 为紊流运动的特征长度；$\widetilde{W} = 1 + E_2\left(\frac{l}{\kappa L}\right)^2$ 为近壁面函数，$L^{-1} \equiv (\eta - z)^{-1} + (H + z)^{-1}$；$A_{\mathrm{H}}$、$K_{\mathrm{H}}$ 分别为物质的水平与垂向扩散系数 。

当求得 q 后，垂向紊动粘性系数 K_{M}，垂向物质扩散系数 K_{H} 和紊动扩散系数 K_{q} 均可以表示为：$K_{\mathrm{M}} \equiv lqS_{\mathrm{M}}$；$K_{\mathrm{H}} \equiv lqS_{\mathrm{H}}$；$K_{\mathrm{q}} \equiv lqS_{\mathrm{q}}$。式中 S_{M}，S_{H} 可以根据文献[160]中提出的关系显式得到；$S_{\mathrm{q}} = 0.2$。

$$S_{\mathrm{M}} = \frac{B_1^{-1/3} - 3A_1 A_2 G_{\mathrm{H}}\left[(B_2 - 3A_2)\left(1 - \frac{6A_1}{B_1}\right) - 3C_1(B_2 + 6A_1)\right]}{[1 - 3A_2 G_{\mathrm{H}}(6A_1 + B_2)](1 - 9A_1 A_2 G_{\mathrm{H}})} \quad (2\text{-}7)$$

$$S_{\mathrm{H}} = \frac{A_2\left(1 - \frac{6A_1}{B_2}\right)}{1 - 3A_2 G_{\mathrm{H}}(6A_1 + B_2)} \quad (2\text{-}8)$$

式中，$G_{\mathrm{H}} = -\left(\frac{Nl}{q}\right)^2$；$N = \left(-\frac{g}{\rho_0}\frac{\partial \rho}{\partial y}\right)^{1/2}$，系数取值见式(2-9)。

$$(A_1, A_2, B_1, B_2, C_1, E_2, E_1) = (0.92, 0.74, 16.6, 10.1, 0.08, 1.8, 1.33) \quad (2\text{-}9)$$

对水平紊动系数 A_{M} 的求解采用 Smagorinsky 方程[1]，认为 A_{M} 与网格尺度和水平流速梯度均有关，表达形式见式(2-10)。

$$A_{\mathrm{M}} = C_{\mathrm{s}}^2 \Delta x \Delta y\left[\left(\frac{\partial U}{\partial x}\right)^2 + \left(\frac{\partial V}{\partial y}\right)^2 + \frac{1}{2}\left(\frac{\partial U}{\partial y} + \frac{\partial V}{\partial x}\right)^2\right]^{1/2} \quad (2\text{-}10)$$

式中，C_{s} 为经验系数。

2.1.2 初始与边界条件

水动力初始条件为：

$U(x, y, \sigma, 0) = 0$；$V(x, y, \sigma, 0) = 0$；$\omega(x, y, \sigma, 0) = 0$；$\eta(x, y, 0) = 0$

(1)运动边界条件：

自由表面 $\sigma = 0$ 处，$\omega = 0$；水体底部 $\sigma = -1$ 处，$\omega = 0$。

（2）动力边界条件：

自由表面 $\sigma=0$ 处，$\dfrac{\rho_0 K_M}{D}\left(\dfrac{\partial U}{\partial\sigma},\dfrac{\partial V}{\partial\sigma}\right)=(\tau_{sx},\tau_{sy})$；

紊动边界条件为：$q^2=B_1^{2/3}u_{\tau s}^2$；$q^2 l=0$

式中，(τ_{sx},τ_{sy}) 为表面风应力矢量；$u_{\tau s}$ 为表面摩阻流速的绝对值。

海底处 $\sigma=-1$ 的动力边界条件为：$\dfrac{\rho_0 K_M}{D}\left(\dfrac{\partial U}{\partial\sigma},\dfrac{\partial V}{\partial\sigma}\right)=(\tau_{bx},\tau_{by})$；

紊动边界条件为：$q^2=B_1^{2/3}u_{\tau b}^2$；$q^2 l=0$；

式中，(τ_{bx},τ_{by}) 为床面剪切力矢量；$u_{\tau b}$ 为对应于底面切力的摩阻流速绝对值。底部切应力采用对数分布假设，可表达为 $(\tau_{bx},\tau_{by})=\rho_0 C_D\sqrt{U^2+V^2}(U,V)$，$C_D$ 为底面拖曳力系数，可写为：

$$C_D=\left[\frac{1}{\kappa}\ln(H+z_b)/z_0\right]^{-2} \tag{2-11}$$

式中，z_b 为最接近底床的流速网格节点高程；κ 为 von Karman 常数，多取为 0.4。

2.1.3 求解技术

水动力学运动方程中包含了快速传播的表面重力波和缓慢传播的内重力波，因此从计算经济的角度考虑，可以将垂向积分的运动方程（称为外模式）从反映流速垂向结构的运动方程（称为内模式）中分离出来，用较少的计算量通过求解外模式得到自由水位，然后通过求解内模式得到水流的垂向结构，称为模式分裂技术（mode splitting technique），具体理论可见文献[24,25]。外模式连续方程与动量方程形式见式(2-12)～式(2-14)。

$$\frac{\partial\eta}{\partial t}+\frac{\partial\overline{U}D}{\partial x}+\frac{\partial\overline{V}D}{\partial y}=0 \tag{2-12}$$

$$\begin{aligned}\frac{\partial\overline{U}D}{\partial t}+\frac{\partial\overline{U}^2D}{\partial x}+\frac{\partial\overline{U}\,\overline{V}D}{\partial y}-f\overline{V}D+gD\frac{\partial\eta}{\partial x}=&-\overline{wu}(0)+\overline{wu}(-1)-\\ &\frac{\partial\overline{DU'^2}}{\partial x}-\frac{\partial\overline{DU'V'}}{\partial y}-\frac{gD^2}{\rho_0}\int_{-1}^{0}\int_{\sigma}^{0}\left[\frac{\partial\rho}{\partial x}-\frac{\sigma'}{D}\frac{\partial\rho}{\partial\sigma}\right]\mathrm{d}\sigma'\mathrm{d}\sigma+\\ &\frac{\partial}{\partial x}\left(2A_M\frac{\partial\overline{U}D}{\partial x}\right)+\frac{\partial}{\partial y}\left[A_M\left(\frac{\partial\overline{U}D}{\partial y}+\frac{\partial\overline{V}D}{\partial x}\right)\right]\end{aligned} \tag{2-13}$$

$$\frac{\partial\overline{V}D}{\partial t}+\frac{\partial\overline{U}\,\overline{V}D}{\partial x}+\frac{\partial\overline{V}^2D}{\partial y}+f\overline{U}D+gD\frac{\partial\eta}{\partial y}=-\overline{wv}(0)+\overline{wv}(-1)-$$

$$\frac{\partial \overline{DU'V'}}{\partial x} - \frac{\partial \overline{DV'^2}}{\partial y} - \frac{gD^2}{\rho_0}\int_{\sigma}^{0}\int_{\sigma}^{0}\left[\frac{\partial \rho}{\partial y} - \frac{\sigma'}{D}\frac{\partial \rho}{\partial \sigma}\right]\mathrm{d}\sigma'\mathrm{d}\sigma +$$

$$\frac{\partial}{\partial y}\left(2A_{\mathrm{M}}D\frac{\partial \overline{V}D}{\partial y}\right) + \frac{\partial}{\partial x}\left[A_{\mathrm{M}}\left(\frac{\partial \overline{V}D}{\partial x} + \frac{\partial \overline{U}D}{\partial y}\right)\right] \tag{2-14}$$

式中，$\overline{U} = \int_{-1}^{0} U\mathrm{d}\sigma$、$\overline{V} = \int_{-1}^{0} V\mathrm{d}\sigma$ 为外模式计算所得的二维垂向平均流速值；U,V 为由内模式计算所得的三维流速值；$\overline{wu}(0)$、$\overline{wv}(0)$ 为表面风应力；$\overline{wu}(-1)$、$\overline{wv}(-1)$ 为底部摩阻应力；$(U',V') = (U-\overline{U}, V-\overline{V})$ 为垂线平均流速与分层流速的差值。

求解中，在一个内模式步长内包含了若干个外模式计算步长，由外模式计算得到水位后提供给内模式，由内模式计算流速的垂向结构，并将有关对流和水平扩散项的垂向积分反馈给外模式，用于下一内模式中多个外模式的计算，如此反复。

图 2-2 为内外模式的时间步长衔接示意图，假定 t^{n-1} 和 t^n 时刻的各变量均为已知值。在外模式的计算中，底应力和水平紊动粘性系数等参数由内模式的计算结果来提供，并在 $t^n \to t^{n+1}$ 的若干时间步中保持不变；当外模式经过若干步计算至 t^{n+1}时刻时，实施内模式的计算以求解 t^{n+1}时刻的各变量值。在内模式的计算中，自由水面的水位值已由外模式计算获得。由于内外模式具有不同的截断误差，所以要对内模式的计算结果稍作调整，使内模式计算的垂向平均值和外模式的计算结果相一致。调整完毕后，再依据同样过程进行 $t^{n+1} \to t^{n+2}$时间段的计算。

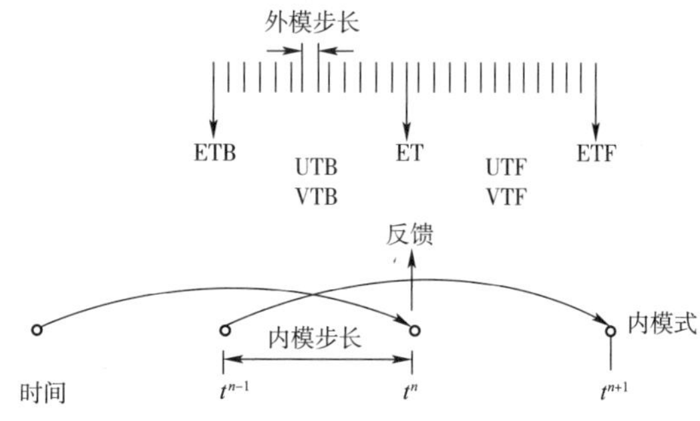

图 2-2　模式分裂法中内外模式衔接图

一般地，内模式计算步长取为外模式整数倍 N，这样外模式每算 N 步，将最后计算所得水位及 N 步内的平均流量传递至内模式，用以进行内模式水位赋值及流速校正；内模式每算一步，都要向外模式提供三维流速等计算值，从而保证下一步长外模式的合理计算。

网格配置采用 Arakawa - C 交错网格，其中水位和水深布置在网格中心，流速点布置在网格边缘；垂向划分时水平流速布置在相邻两个 σ 网格中心，紊动能量和垂向流速布置在 σ 层面上，温度、含沙量等状态量布置在垂向两层 σ 网格中心。

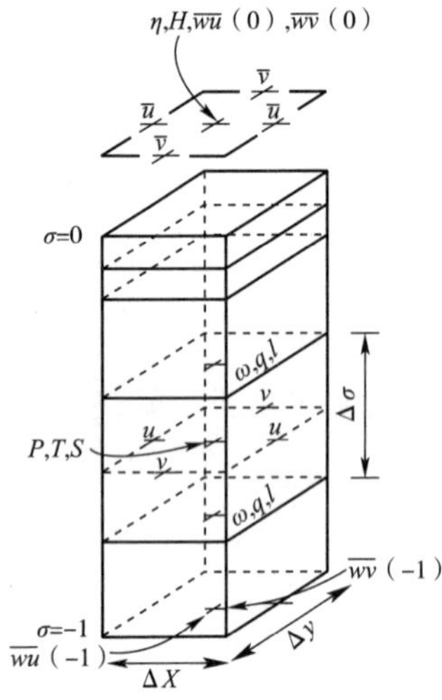

图 2-3 Arakawa-C 交错网格三维配置示意图

图 2-3 中示意了这种网格配置方案格局。

2.2 波生流计算模式建立

从概念意义上讲，无论是近岸的风浪、涌浪乃至潮流均服从 Navier-Stokes 方程的运动规律，理论上可以完全同时耦合求解。但是，受限于目前的计算条件，直接求解原始方程仍存在困难，此外在近岸地区，波浪的运动时间周期为秒的量级，并且波长仅为几十米，而潮流的运动时间周期为数小时，波长可达数百千米。这种时空尺度的不匹配使得在大尺度海域同时求解波流问题变得极为困难。从而，当前的模拟技术中往往更为关注波浪的时均效应，而转用“动量净传递”的概念，将其以周期积分平均的概念叠加至潮流现象中。这一概念沿用至今，取得了丰富的成果。

根据文献回顾，波生流的驱动力主要体现在以下几点：

(1)波生时均剩余动量(wave-induced residual momentum)；

(2)波流共存的底部剪切力(wave-current combined bottom shear stress)；

(3)波浪引起的垂向和水平掺混(wave-induced momentum mixing)；

(4)破碎波浪引起的表面水滚(wave-induced surface roller)。

2.2.1 波生时均剩余动量的引入

波生时均剩余动量的概念由 Longuet-Higgins 首先提出。所谓剩余动量，即为波浪周期平均动水压与静水压强的差值。其认为尽管波浪呈周期运动，但如对波浪周期积分，波浪导致的动压仍有一个时均剩余动量，而这一动量将会驱动水体在其梯度方向产生净运动，Longuet-Higgins 将其称作“辐射应力(radiation stress)”，并利用线性波理论推导了其二维表达形式：

$$S = \begin{pmatrix} S_{xx} & S_{xy} \\ S_{yx} & S_{yy} \end{pmatrix} = E\begin{pmatrix} n\cos^2\alpha + \frac{1}{2}(2n-1) & \frac{n}{2}\sin2\alpha \\ \frac{n}{2}\sin2\alpha & n\sin^2\alpha + \frac{1}{2}(2n-1) \end{pmatrix} \quad (2\text{-}15)$$

式中，S_{ij} 为各方向的平面辐射应力张量；$E = \frac{1}{8}\rho gH^2$ 为波能；H 为波高；$n =$

$\frac{1}{2}\left(1+\frac{2kD}{\sinh 2kD}\right)$为波能传递率；$k$ 为波数；α 为波向。

然而，辐射应力是一个水深积分概念，无法描述波生剩余动量在垂向上的分布。因此，近年来许多学者也对波生剩余动量垂向分布形式进行了持续的探索，得到了许多有益结论，在 1.3.1 节中已进行了对应的综述。在三维波生剩余动量的引入上采用 Zhang[73] 提出的 N－S 方程简化公式，其从 N－S 方程的垂向动量方程出发，采用线性波理论推导波生剩余动量在垂向的分布。推导中假设水体无粘，并且密度不随时间和空间变化。

$$\frac{\partial w}{\partial t}+\frac{\partial u_i w}{\partial x_i}+\frac{\partial w^2}{\partial x_3}=-\frac{1}{\rho}\frac{\partial}{\partial x_3}(P+\rho g x_3) \tag{2-16}$$

式中，$u_i(i=1,2)$代表代表水平方向的速度分量；w 为垂向流速；P 和 g 分别代表压力和重力。

$\zeta(x_1,x_2,t)$表示包含相同水质点的任何平面或曲面，可以定义为：

$$\zeta(x_1,x_2,t)-x_3=0 \tag{2-17}$$

对式(2-17)两侧对时间求导，得到：

$$\frac{\mathrm{d}}{\mathrm{d}t}\zeta(x_1,x_2,t)-w(x_1,x_2,t)=0 \tag{2-18}$$

如忽略所有的非线性项和底部摩阻力，总水深为 h 的波浪自由面水位、流速和弥散关系可以写为：

$$\zeta_0(x_1,x_2,t)=a\cos(k_1x_1+k_2x_2-\sigma t) \tag{2-19}$$

$$u_i=\frac{k_i}{|\vec{k}|}\sigma a\cos(k_1x_1+k_2x_2-\sigma t)\frac{\mathrm{ch}|\vec{k}|(x_3+h)}{\mathrm{sh}|\vec{k}|h} \tag{2-20}$$

$$w=\sigma a\sin(k_1x_1+k_2x_2-\sigma t)\frac{\mathrm{sh}|\vec{k}|(x_3+h)}{\mathrm{sh}|\vec{k}|h} \tag{2-21}$$

$$\sigma^2=g|\vec{k}|\,\mathrm{th}|\vec{k}|h \tag{2-22}$$

式中，$\vec{k}=(k_1,k_2)$为波数矢量；σ 为波浪角频率。如认为在运动过程中，任意曲面 $\zeta(x_1,x_2,t)-x_3=0$ 在运动过程中均由相同的水质点构成，并且在 t_0 时刻为等势面 $z=x_3$，即：

$$g\zeta_z(x_1,x_2,t_0)=gz \tag{2-23}$$

联立式(2-19)和式(2-21)，并忽略非线性项，可以得到：

$$\zeta_z(x_1,x_2,t)=z+a\cos(k_1x_1+k_2x_2-\sigma t)\frac{\mathrm{sh}|\vec{k}|(z+h)}{\mathrm{sh}|\vec{k}|h} \tag{2-24}$$

为了求解从水深 z 处至自由表面 ζ_0 的平均压力，需对式(2-16)沿垂向进行积分，积分时采用 Leibuniz 积分规则：

$$\frac{\partial}{\partial x}\int_{\alpha(x)}^{\beta(x)} Q(x,y)\mathrm{d}y = \int_{\alpha(x)}^{\beta(x)} \frac{\partial}{\partial x}Q(x,y)\mathrm{d}y + Q(x,\beta(x))\frac{\partial\beta(x)}{\partial x} - Q(x,\alpha(x))\frac{\partial\alpha(x)}{\partial x} \tag{2-25}$$

得到水深 z 处的水体压力为：

$$P_z = \rho g(\zeta_0 - z) + \rho\left[\frac{\partial}{\partial t}\int_z^{\zeta_0} w\mathrm{d}z + \frac{\partial}{\partial x_i}\int_z^{\zeta_0} u_i w\mathrm{d}z\right] - \rho\left[w_{\zeta_0}\left(\frac{\partial\zeta_0}{\partial t} + u_{i\zeta_0}\frac{\partial\zeta_0}{\partial x_i} - w_{\zeta_0}\right)\right] - \rho[w^2]_0 + P_{\zeta_0} \tag{2-26}$$

自由表面处，运动边界条件应满足：

$$\frac{\partial\zeta_0}{\partial t} + u_{i\zeta_0}\frac{\partial\zeta_0}{\partial x_i} = w_{\zeta_0} \tag{2-27}$$

因此，水体压力的时间平均值为：

$$\overline{P_z} = \rho g(\overline{\zeta_0} - z) + \frac{\partial}{\partial x_i}\overline{\int_z^{\zeta_0}\rho u_i w\mathrm{d}z} - \rho[\overline{w^2}]_0 \tag{2-28}$$

基于线性波理论，方程（2-27）中 $\overline{\int_z^{\zeta_0}\rho u_i w\mathrm{d}z}$ 项积分值应为零，因此，如平均水面不随时间变化，可得：

$$\overline{P_z} = -\rho g z - \frac{1}{2}\rho\sigma^2 a^2\frac{\mathrm{sh}^2|\vec{k}|(z+h)}{\mathrm{sh}^2|\vec{k}|h} \tag{2-29}$$

Longuent – Higgins 对传统二维辐射应力的定义为水底至自由表面的积分。相似的，在非定常运动中，同样可定义曲面 ζ_z 以下水体的水平方向剩余动量的波周期平均为：

$$T_{ij} = \overline{\int_{-h}^{\zeta_z}[P\delta_{ij} + \rho u_i u_j]\mathrm{d}z'} - \frac{\rho g}{2}(h^2 - z^2)\delta_{ij} \quad (i,j = 1,2) \tag{2-30}$$

为直观起见，推导中将方程（2-30）拆为两部分，首先计算方程中积分式的第二项：

$$T_{ij}^1 = \overline{\int_{-h}^{\zeta_z}\rho u_i u_j\mathrm{d}z'} = \frac{1}{T}\int_0^T\left[\int_{-h}^{\zeta_z}\rho u_i u_j\mathrm{d}z'\right]\mathrm{d}t = \frac{1}{T}\int_0^T\left[\rho\frac{k_i k_j}{|\vec{k}|^2}\frac{\sigma^2 a^2\cos^2(k_1x_1 + k_2x_2 - \sigma t)}{\mathrm{sh}^2|\vec{k}|h}\int_{-h}^{\zeta_z}\mathrm{ch}^2|\vec{k}|(z'+h)\mathrm{d}z'\right]\mathrm{d}t =$$

$$\frac{1}{T}\int_0^T\left[\rho\frac{k_ik_j}{|\vec{k}|^3}\frac{\sigma^2a^2\cos^2(k_1x_1+k_2x_2-\sigma t)}{\mathrm{sh}^2|\vec{k}|h}\times\left[\frac{|k|(\zeta_z+h)}{2}+\frac{1}{4}\mathrm{sh}^2|\vec{k}|(\zeta_z+h)\right]\right]\mathrm{d}t \tag{2-31}$$

式中，T 为波浪周期，ζ_z 可由方程(2-24)替换。作假定：

$$\mathrm{sh}|\vec{k}|(\zeta_z+h)\approx\mathrm{sh}|\vec{k}|(z+h)+|\vec{k}|(\zeta_z-z)\mathrm{ch}|\vec{k}|(z+h) \tag{2-32}$$

然后可得：

$$T_{ij}^1=\frac{1}{2}\rho\frac{k_ik_j}{|\vec{k}|^3}\frac{\sigma^2a^2}{\mathrm{sh}^2|\vec{k}|h}\left(\frac{|\vec{k}|(z+h)}{2}+\frac{1}{4}\mathrm{sh}^2|\vec{k}|(z+h)\right)=$$

$$E\frac{k_ik_j}{|\vec{k}|^2}\frac{C_g}{C}\left(\frac{|\vec{k}|(z+h)+\mathrm{sh}|\vec{k}|(z+h)\mathrm{ch}|\vec{k}|(z+h)}{|\vec{k}|h+\mathrm{sh}|\vec{k}|h\mathrm{ch}|\vec{k}|h}\right) \tag{2-33}$$

至于方程(2-30)中积分式的第一项，可表示为：

$$T_{ij}^2=\overline{\int_{-h}^{\zeta_z}P\mathrm{d}z'}=\overline{\int_{-h}^{z}P\mathrm{d}z'}+\overline{\int_{z}^{\zeta_z}P\mathrm{d}z'} \tag{2-34}$$

$$\overline{\int_{-h}^{z}P\mathrm{d}z'}=\int_{-h}^{z}\overline{P}\mathrm{d}z'=\int_{-h}^{z}\left(-\rho gz'-\frac{1}{2}\rho\sigma^2a^2\frac{\mathrm{sh}^2|\vec{k}|(z'+h)}{\mathrm{sh}^2|\vec{k}|h}\right)\mathrm{d}z'=$$

$$\frac{1}{2}\rho g(h^2-z^2)+\frac{E}{\mathrm{sh}|\vec{k}|h\mathrm{ch}|\vec{k}|h}\left[\frac{|\vec{k}|(z+h)}{2}-\frac{1}{4}\mathrm{sh}^2|\vec{k}|(z+h)\right] \tag{2-35}$$

在计算方程(2-35)时只需将$\overline{\int_z^{\zeta_z}P\mathrm{d}z'}$添加至方程(2-33)中即可。当 ζ_z 为正时压力项 P 为正，反之为负。在接近平均水面时，压力 P 可近似通过静压假设 $\rho g(\zeta_z-z')$ 得到：

$$\overline{\int_z^{\zeta_z}P\mathrm{d}z'}\approx\overline{\int_z^{\zeta_z}\rho g(\zeta_0-z')\mathrm{d}z'}=\frac{1}{2}\rho g\overline{(\zeta_z-z')^2}=\frac{1}{2}E\frac{\mathrm{sh}^2|\vec{k}|(z+h)}{\mathrm{sh}^2|\vec{k}|h} \tag{2-36}$$

因此，在平面 ζ_z 下的应力为：

$$T_{ij}=E\frac{k_ik_j}{|\vec{k}|^2}\frac{C_g}{C}\left(\frac{|\vec{k}|(z+h)+\mathrm{sh}|\vec{k}|(z+h)\mathrm{ch}|\vec{k}|(z+h)}{|\vec{k}|h+\mathrm{sh}|\vec{k}|h\mathrm{ch}|\vec{k}|h}\right)+\delta_{ij}\left\{\begin{array}{l}\frac{E}{\mathrm{sh}|\vec{k}|h\mathrm{ch}|\vec{k}|h}\left[\frac{|\vec{k}|(z+h)}{2}-\frac{1}{4}\mathrm{sh}^2|\vec{k}|(z+h)\right]+\\ \frac{1}{2}E\frac{\mathrm{sh}^2|\vec{k}|(z+h)}{\mathrm{sh}^2|\vec{k}|h}\end{array}\right\} \tag{2-37}$$

对式(2-37)沿垂向求导可得波生剩余动量的垂向表达式：

$$M_{ij}(z) = E\frac{k_i k_j}{|\vec{k}|^2}\frac{C_g}{C}\left(\frac{2|\vec{k}|\mathrm{ch}^2|\vec{k}|(z+h)}{|\vec{k}|h+\mathrm{sh}|\vec{k}|h\mathrm{ch}|\vec{k}|h}\right)+$$

$$\delta_{ij}\left\{\frac{E|\vec{k}|}{2\mathrm{sh}^2|\vec{k}|h}\mathrm{sh}^2|\vec{k}|(z+h)-\frac{2E|\vec{k}|}{\mathrm{sh}^2|\vec{k}|h}\mathrm{sh}^2|\vec{k}|(z+h)\right\} \tag{2-38}$$

如将式(2-38)由海底至平均水面积分,可得到式(2-39)。值得注意的是,由于 $C_g = Cn$,得到的形式实际上与传统的辐射应力[式(2-15)]相同。这一点证明了以上推导具有合理性。

$$\int_{-h}^{0} M_{ij}\mathrm{d}z' = E\frac{C_g}{C}\frac{k_i k_j}{|\vec{k}|^2}+\frac{E}{2}\left(\frac{2C_g}{C}-1\right)\delta_{ij}\equiv S_{ij} \tag{2-39}$$

2.2.2 波流共同作用下的底切力

波流共同作用下的底切力一直以来是海岸动力学中研究的热点,对泥沙起动尤为重要。近年来,最为流行的手段是利用紊流闭合模型($k-\varepsilon$ 等)求解边界层内的流速,然而在大范围计算中显得不经济。因此,笔者在文中采用波浪摩阻系数的概念。针对这一系数的确定,Soulsby 等[110]利用试验数据拟合了一个综合性的经验表达式,并针对各家模式均给出了经验系数,较为全面,可表达如下:

$$\frac{\tau_{\min}}{\tau_c+\tau_w} = \frac{\tau_c}{\tau_c+\tau_w}\left[1+b\left(\frac{\tau_c}{\tau_c+\tau_w}\right)^p\left(\frac{\tau_w}{\tau_c+\tau_w}\right)^q\right] \tag{2-40}$$

$$\frac{\tau_{\max}}{\tau_c+\tau_w} = 1+a\left(\frac{\tau_c}{\tau_c+\tau_w}\right)^m\left(\frac{\tau_w}{\tau_c+\tau_w}\right)^n \tag{2-41}$$

$$a = (a_1+a_2|\cos\phi|^I)+(a_3+a_4|\cos\phi|^I)\lg(f_w/C_D) \tag{2-42}$$

$$m = (m_1+m_2|\cos\phi|^I)+(m_3+m_4|\cos\phi|^I)\lg(f_w/C_D) \tag{2-43}$$

$$n = (n_1+n_2|\cos\phi|^I)+(n_3+n_4|\cos\phi|^I)\lg(f_w/C_D) \tag{2-44}$$

$$b = (b_1+b_2|\cos\phi|^J)+(b_3+b_4|\cos\phi|^J)\lg(f_w/C_D) \tag{2-45}$$

$$p = (p_1+p_2|\cos\phi|^J)+(p_3+p_4|\cos\phi|^J)\lg(f_w/C_D) \tag{2-46}$$

$$q = (q_1+q_2|\cos\phi|^J)+(q_3+q_4|\cos\phi|^J)\lg(f_w/C_D) \tag{2-47}$$

f_w 采用 Swart 提出的表达式[106]:

$$f_w = 0.00251\exp[5.21(A/k_s)^{-0.19}] = 0.3 \quad A/k_s > 1.57 \quad A/k_s \leqslant 1.57 \tag{2-48}$$

式中 k_s 为 Nikuradse 糙率,一般取为 $30z_0$;z_0 为波浪摩阻高度;A 为波浪近底质点运动的振幅,可以按照线性波理论近似表示为:

$$A = \frac{H}{\pi}\frac{1}{\mathrm{sh}(2\pi h/L)} \tag{2-49}$$

在底切力方向的确定上,可采用潮流流向与波向矢量迭加的方式[110]。Soulsby

等人在文中对几个波浪底切力的经验公式分别用式(2-40)进行拟合,得到参数见表2-1。

Soulsby 底部剪切力公式系数 表2-1

系 数	F84	MS90	HT91	系 数	F84	MS90	HT91
a_1	-0.06	-0.01	-0.07	b_1	0.29	0.65	0.27
a_2	1.70	1.84	1.87	b_2	0.55	0.29	0.51
a_3	-0.29	-0.58	-0.34	b_3	-0.10	-0.30	-0.10
a_4	0.29	-0.22	-0.12	b_4	-0.14	-0.21	-0.24
m_1	0.67	0.63	0.72	p_1	-0.77	-0.60	-0.75
m_2	-0.29	-0.09	-0.33	p_2	0.10	0.10	0.13
m_3	0.09	0.23	0.08	p_3	0.27	0.27	0.12
m_4	0.42	-0.02	0.34	p_4	0.14	-0.06	0.02
n_1	0.75	0.82	0.78	q_1	0.91	1.19	0.89
n_2	-0.27	-0.30	-0.23	q_2	0.25	-0.68	0.40
n_3	0.11	0.19	0.12	q_3	0.50	0.22	0.50
n_4	-0.02	-0.21	-0.12	q_4	0.43	-0.21	-0.28
I	0.80	0.67	0.82	J	3.0	0.50	2.70

注:F84 代表 Fredsφe(1984)公式;MS90 代表 Myrhaug 和 Slaattelid (1990)公式;HT91 代表 Huynh - Thanh and Temperville(1991)公式。

2.2.3 波浪附加垂向紊动

一般认为,波浪形成的垂向紊动效应与波高和周期等参数相关。Tsuchiya 等人[92]在对底部离岸流的模拟中取:

$$A_{Mw} = \Gamma CH \tag{2-50}$$

式中,A_{Mw}为波浪运动引起的垂向紊动系数;Γ 为无因次经验系数,Tsuchiya 推荐值为0.005~0.01之间;C 为波速;H 为波高。

20世纪60年代,苏联学者 Бащкировр 和 Жукоъец 利用紊流理论结合线性波理论对波浪紊动现象进行推导,认为紊动系数在垂向应有一定的分布,王尚毅[93]将其研究结论表达为:

$$A_{Mw}(z) = \frac{bgTH\mathrm{ch}|\vec{k}|(z+h)}{4\pi\mathrm{ch}|\vec{k}|h} \tag{2-51}$$

式中,b 为无因次系数,根据水槽试验推荐为0.0025;H 为波高;T 为波周期;h 为水深。

实际上,由于波浪质点在不同深度的振幅并不相等,表面质点振幅较底部大,从而形成的紊动应比底部高，从理论上讲，波浪形成的附加紊动应在垂线上有分布，而 Tsuchiya 等人对每个垂向分层选用同样的紊动系数值得商榷。因此选用王尚毅文中推荐的形式[式(2-51)]。

2.2.4 波浪附加水平紊动

与垂向紊动类似，对波浪引起的水平紊动系数的计算，存在以下几个公式：

Longuet - Higgins[65]：
$$A_{Hw} = N|x|\sqrt{gh} \tag{2-52}$$

Battjes[90]：
$$A_{Hw} = Mh\left(\frac{D}{\rho}\right)^{\frac{1}{3}} \tag{2-53}$$

Larson 和 Kraus[91]：
$$A_{\mathrm{Hw}} = \Lambda u_{\max} H \tag{2-54}$$

根据 Goda[88] 的研究，Larson - Kraus 公式(式 2-54)在沿岸流的模拟中效果最佳，因此作者在文中采用 Larson 和 Kraus 的思路，即认为波浪引起的水平紊动与时均流速和波高有关。然而，与垂向紊动类似，由于波浪质点振荡的幅度在垂向有所区别，Larson - Kraus 表达式无法表现水平紊动的垂向分布，因此这里作者采用线性波理论，将 $u_{\max}$ 采用 $u_{\max}(z)$ 替换，并用线性波理论给出 $u_{\max}$ 表达式，得到式(2-55)：

$$A_{\mathrm{Hw}} = \lambda \frac{2H^2}{T} \frac{\cosh(z+h)|\vec{k}|}{\sinh(|\vec{k}|h)} \tag{2-55}$$

值得注意的是，虽然推导中的基本假设一致，但由于略有变形，因此式(2-55)中 λ 含义与式(2-54)中的 Λ 不同，需要着重论证其取值，这一工作将在章节 3.5.4 中完成。

2.2.5 破波引起的表面水滚

在近岸地区，波浪破碎是常见的物理机制。由于破碎时波陡显著改变，波峰上方将形成卷曲的水体，并有“白浪”出现，造成动量的向岸传递。根据 Svendsen[80] 的研究，提出表面水滚(surface roller)的概念，很好地解释了波浪减水点向岸推移的现象。此后，许多学者分别对这一现象进行研究，提出了相应的计算理论。

Duncan[83] 初步假设水滚面积与波高二次方呈正比：

$$A_R = 0.9H^2 \tag{2-56}$$

Englund[85] 认为表面水滚和水力学中水跃(hydraulic jump)的概念类似，并按水跃理论推导了水滚面积的公式：

$$A_R = (H^2/\tan\theta)[H/(h+\bar{\eta})] \tag{2-57}$$

式中，θ 为水滚与下层水体的夹角，可取 $\theta \approx 10^\circ$；$\bar{\eta}$ 为平均水面。

较早的水滚模型将水滚面积与波高直接相关，从而计算得到的波生流仍将在破波点附近达到最高，与实际中最强离岸流发生在破波带内一定距离相悖。为了更好地描述这一现象，Okayasu 等[84]采用以下假设：

$$A_R = e\kappa HL \tag{2-58}$$

式中，L 为波长，e 与 κ 为随位置改变的可调系数。随着 e 与 κ 的增加，离岸流的峰值可向岸推移，然而这种计算方式需要首先得到 e 与 κ 的数值，经验性很强。

鉴于以上原因，Dally 和 Brown[86]将水滚发展与波能传递建立能量平衡方程，其基本形式为：

$$\frac{\mathrm{d}\,\overline{F_w}}{\mathrm{d}x} + \frac{\mathrm{d}\,\overline{F_R}}{\mathrm{d}x} = -D \tag{2-59}$$

式中，$\overline{F_w}$为波浪运动的能量流；$\overline{F_R}$为水滚传递形成的能量流；D 为能量耗散率。式(2-59)通过一系列的假设与变换，可得方程(2-60)：

$$\frac{\mathrm{d}\,\overline{F_W}}{\mathrm{d}x} + \frac{\mathrm{d}}{\mathrm{d}x}\left(\frac{1}{2}\rho_R\beta_c^2 C^2 \frac{A_R}{T}\right) = -\rho_R g\beta_D \frac{A_R}{T} \tag{2-60}$$

式中，ρ_R 为水滚体密度，由于在破波条件下，波面卷曲导致大量掺气，从而应小于海水密度；β_c 为水滚传递速度与波能传递速率的比值（文献[81]中认为两者相等）；A_R 为水滚面积；C 为波速；T 为波周期；β_D 为由于水滚传递方向与波浪水体差异引起的经验系数。

然而，Dally－Brown 公式中对水滚传递的描述仅靠水滚密度与海水密度的差异，而这一参数往往难以评价，此外，地形坡度不同往往使得波浪破碎形式存在差异，存在崩破波（spilling breaker）、卷破波（plunging breaker）等形式，但上述方程中不能区分不同波形、不同地形造成的能量耗散差异。

为了能够在方程中更好地描述水滚能量传递的过程，Tajima 和 Madsen[87]改进了 Dally－Brown 的水滚发展公式，引入了“水滚传递率”的概念。此外 Goda[88]也对水滚发展方程中的耗散项作了修正，考虑了不均匀底坡对能量损耗的贡献，其基本形式见方程(2-61)：

$$\alpha\nabla(EC_g\vec{n}) + \alpha\nabla(E_R C\vec{n}) = -\frac{K_R}{h}E_R C \tag{2-61}$$

式中，$E = \frac{1}{8}\rho_w gH^2$ 为波能；α 为水滚传递率，其数值在 0.0～1.0 之间；$E_R = \frac{\rho A_R C}{2T}$为水滚能量；$\vec{n} = (\cos\theta, \sin\theta)$为波向矢量；$K_R$ 为水滚耗散率；C 为波速。

根据 Goda[161]的研究结论，能量耗散项中的 K_R 与地形坡度相关，可表达为：

$$K_R = \frac{3}{8}(0.3 + 2.4s) \tag{2-62}$$

式中，s 为地形底坡，当地形为负坡，即 $s<0$ 时，可取 $s=0$。然而，文献[87,88]中在

推导时实际上认为 $\rho_R=\rho_w$，这一论断值得商榷。事实上，波浪破碎时，表面水滚往往以白浪的形式传递，水滚体中掺有大量气泡，从而密度应与均匀海水密度存在差异。

因此，作者在文中结合 Dally - Brown、Tajima - Madsen 和 Goda 公式，重新建立了一个向岸传递、同时考虑水滚动量传递和水滚体密度影响的方程，见式(2-63)：

$$\alpha\frac{\partial}{\partial x}\left(\frac{1}{8}\rho_w gH^2C_g\cos\theta\right)+\frac{\partial}{\partial x}\left(\frac{\rho_R A_R}{2T}C^2\cos\theta\right)=-\frac{K_R}{h}\frac{\rho_R A_R}{2T}C^2 \tag{2-63}$$

式中，$C_g=Cn$ 为波群速度；$n=\frac{1}{2}\left(1+\frac{2kh}{\mathrm{sh}(2kh)}\right)$为波能传递率；$h$ 为静水深；$k=\frac{2\pi}{L}$为波数；L 为波长，可由线性波色散关系 $\sigma^2=gk\tanh(kh)$ 迭代求得，$\sigma=\frac{2\pi}{T}$为波动角频率。

当沿程波浪参数确定后，水滚面积 A_R 可由差分格式自破波点至岸线迭代求得，为了降低数值格式造成的误差，在耗散项中，迭代中采用相邻两个网格的水滚面积平均值[86]，为方便阅读，将方程中的常数项归并，令：

$$t_1=\frac{1}{8}\alpha\rho_w g;t_2=\frac{\rho_R}{2T};t_{3_i}=-\frac{K_{R_i}}{h_i}\frac{\rho_R}{2T}=-\frac{3}{8h_i}\frac{\rho_R}{2T}\left(0.3+2.4\frac{h_i-h_{i-1}}{\Delta x}\right)$$

其差分离散方程详细形式可写为：

$$t_1\frac{\mathrm{d}}{\mathrm{d}x}(H^2C_g\cos\theta)+t_2\frac{\mathrm{d}}{\mathrm{d}x}(AC^2\cos\theta)=-t_{3_i}A_RC^2 \tag{2-64}$$

对以上方程差分离散为：

$$t_1[(H^2C_g\cos\theta)_{i+1}-(H^2C_g\cos\theta)_i]+t_2[(A_RC^2\cos\theta)_{i+1}-(A_RC^2\cos\theta)_i]=-t_{3_i}\frac{A_{R_{i+1}}+A_{R_i}}{2}C_i^2\Delta x \tag{2-65}$$

最终得到迭代关系：

$$A_{R_{i+1}}=\frac{A_1\left(\frac{1}{2}t_{3_i}C_i^2\Delta x+t_2C_i^2\cos\theta i\right)-t_1(H_{i+1}^2C_{g_{i+1}}\cos\theta_{i+1}-H_i^2C_{g_i}\cos\theta_i)}{t_2c_{i+1}^2\cos\theta_{i+1}-\frac{1}{2}t_{3_i}c_i^2\Delta x} \tag{2-66}$$

以上迭代关系如给定合适的边界条件，便可以直接显式求解，在模型中，取破波带外 $A_R=0$，然后自破波点向岸迭代求解。

在表面水滚的应用方式上，Svendsen 等人[75]认为虽水滚的发展接近波浪表面，但其能量并不会突然截止于表面，而应存在一定的缓冲区。在水滚面积的垂向分布评价上，采用反三角函数表达形式，并转换至 σ 坐标系下：

$$R_z(\sigma) = 1 - \mathrm{th}\left(\frac{2\sigma h}{H}\right)^4 \tag{2-67}$$

水滚面积的各 σ 分层比例为：

$$R_{zn}(\sigma) = \frac{R_z(\sigma)}{\int_{-1}^{0} R_z(\sigma)\mathrm{d}\sigma} \tag{2-68}$$

在计算水滚动量时，首先将水滚面积转化为能量形式，有：

$$E_R(\sigma) = \frac{\rho_R A_R R_{zn}(\sigma) C}{2T} \tag{2-69}$$

得到水滚能量 $E_R(\sigma)$ 后，类似于波生动量应力理论，得到水滚动量表达式，见式(2-70)至式(2-72)：

$$R_{xx}(\sigma) = 2E_R(\sigma)\cos^2\alpha \tag{2-70}$$

$$R_{xy}(\sigma) = R_{yx}(\sigma) = 2E_R(\sigma)\sin\alpha\cos\alpha \tag{2-71}$$

$$R_{yy}(\sigma) = 2E_R(\sigma)\sin^2\alpha \tag{2-72}$$

2.3 波流耦合下方程形式及求解技术

归纳以上讨论和分析，得到最终求解的波流耦合的三维水动力方程组。

连续方程：

$$\frac{\partial \eta}{\partial t} + \frac{\partial UD}{\partial x} + \frac{\partial VD}{\partial y} + \frac{\partial \omega}{\partial \sigma} = 0 \tag{2-73}$$

动量方程：

$$\begin{aligned}\frac{\partial UD}{\partial t} + \frac{\partial U^2 D}{\partial x} + \frac{\partial UVD}{\partial y} + \frac{\partial \omega U}{\partial \sigma} - fVD = &- gD\frac{\partial \eta}{\partial x} - \frac{gD^2}{\rho_0}\int_\sigma^0 \left[\frac{\partial \rho}{\partial x} - \frac{\sigma}{D}\frac{\partial D}{\partial x}\frac{\partial \rho}{\partial \sigma}\right]\mathrm{d}\sigma + \\ &\frac{\partial}{\partial x}\left(2A_{Mc}D\frac{\partial U}{\partial x}\right) + \frac{\partial}{\partial y}\left[A_{Mc}D\left(\frac{\partial U}{\partial y} + \frac{\partial V}{\partial x}\right)\right] + \frac{\partial}{\partial \sigma}\left(\frac{K_{Mc}}{D}\frac{\partial U}{\partial \sigma}\right) - \\ &\frac{D}{\rho_0}\left(\frac{\partial M_{xx}}{\partial x} + \frac{\partial M_{xy}}{\partial y}\right) - \frac{D}{\rho_0}\left(\frac{\partial R_{xx}}{\partial x} + \frac{\partial R_{xy}}{\partial y}\right)\end{aligned} \tag{2-74}$$

$$\begin{aligned}\frac{\partial VD}{\partial t} + \frac{\partial V^2 D}{\partial y} + \frac{\partial DUV}{\partial x} + \frac{\partial \omega U}{\partial \sigma} + fUD = &- gD\frac{\partial \eta}{\partial y} - \frac{gD^2}{\rho_0}\int_\sigma^0 \left[\frac{\partial \rho}{\partial y} - \frac{\sigma}{D}\frac{\partial D}{\partial y}\frac{\partial \rho}{\partial \sigma}\right]\mathrm{d}\sigma + \\ &\frac{\partial}{\partial y}\left(2A_{Mc}D\frac{\partial V}{\partial y}\right) + \frac{\partial}{\partial x}\left[A_{Mc}D\left(\frac{\partial V}{\partial x} + \frac{\partial U}{\partial y}\right)\right] + \frac{\partial}{\partial \sigma}\left(\frac{K_{Mc}}{D}\frac{\partial V}{\partial \sigma}\right) - \\ &\frac{D}{\rho_0}\left(\frac{\partial M_{yx}}{\partial x} + \frac{\partial M_{yy}}{\partial y}\right) - \frac{D}{\rho_0}\left(\frac{\partial R_{yx}}{\partial x} + \frac{\partial R_{yy}}{\partial y}\right)\end{aligned} \tag{2-75}$$

三维波生剩余动量方程：

$$M_{ij}(\sigma)=\frac{1}{8}\rho gH^2\frac{k_ik_j}{|\vec{k}|^2}\frac{C_g}{C}\left(\frac{2k\text{ch}^2|\vec{k}|(1+\sigma)D}{|\vec{k}|D+\text{sh}|\vec{k}|D\text{ch}|\vec{k}|D}\right)+\delta_{ij}$$
$$\left[\frac{E|\vec{k}|}{2\text{sh}^2|\vec{k}|D}\text{sh}^2|\vec{k}|(1+\sigma)D-\frac{2E|\vec{k}|}{\text{sh}^2|\vec{k}|D}\text{sh}^2|\vec{k}|(1+\sigma)D\right] \tag{2-76}$$

水滚动量方程：

$$R_{ij}(\sigma)=\frac{k_ik_j}{|\vec{k}|}\frac{c^2}{L}A_RR_{zn}(\sigma) \tag{2-77}$$

对于紊动粘性系数 A_{Mc}、K_{Mc} 的处理，由于当前缺少对波浪、潮流紊动相互影响的研究，多采用直接线性叠加的方式[71]，因此在方程(2-74)和方程(2-75)中，当潮流、波浪共存时，水平紊动系数采用 Smagorinsky 公式和经作者改进后的 Larson－Kraus 公式叠加；垂向紊动粘性系数采用 Mellor－Yamada 闭合模型和王尚毅推荐方程叠加，方程形式见式(2-78)和式(2-79)。

$$A_{Mc}(\sigma)=A_M(\sigma)+\lambda\frac{2H^2}{T}\frac{\text{ch}(1+\sigma)|\vec{k}|D}{\text{sh}(|\vec{k}|D)} \tag{2-78}$$

$$K_{Mc}(\sigma)=K_M(\sigma)+\frac{bgTH\text{ch}|\vec{k}|(1+\sigma)D}{4\pi\text{ch}|\vec{k}|D} \tag{2-79}$$

方程组式(2-73)～式(2-79)联合垂向流速转换方程式(2-4)，以及垂向紊流闭合方程式(2-5)和式(2-6)构成了水动力模式的最终基本求解方程。

在求解格式上，由于是在 ECOMSED 代码基础上的开发，从而方程离散格式、求解方案和网格配置均可有效沿用，离散格式同样采用有限差分法，求解采用模式分裂法。以下仅对波生流模式中的一些修正进行说明：

(1)在内模式动量方程中增加三维波生时均剩余动量项与破波水滚项，并修正水平与垂向紊动粘性系数项。

(2)在外模式动量方程中，与原始潮流方程式(2-13)和方程(2-14)不同的是，需添加波生剩余动量和水滚动量的垂向积分项，其中由于垂向剩余动量分布的沿水深积分与 Longuent－Higgins 的辐射应力相等，从而可直接由 S_{ij} 代替，水滚动量项 $R_{ij}(\sigma)$ 垂向积分后可表达为：$R_{ij}=\frac{k_ik_j}{|\vec{k}|}\frac{c^2}{L}A_R$，可相应在外模式方程中给予更新。

(3)底部摩阻项中考虑波流共同作用的剪切力影响。

(4)网格配置同样采用 Arakawa－C 网格，其中波生剩余动量、水滚动量项可由波浪参数预先求得，从而与压力项贡献类似，可布置在网格中心。

(5)边界条件与初始条件形式均与原始形式一致。值得指出的是，由于在波流耦合计算中，外海边界处增减水位难以预估，然而其量值与潮位相比极为微小，

从而可忽略不计,边界水位仍可按实际潮位给出。

2.4 波浪计算模式介绍

当前对波浪的模拟存在相当丰富的理论和模型,分别在不同领域发挥效果。总的来说,对小尺度波浪的模拟多采用基于 Boussinesq 方程或各种假设形式的缓坡方程,所得波浪参数精度较高,但其应用在大尺度模拟中,特别是以上方程需要在一个波长内布置 4 ~8 个计算节点,这便使得计算网格配置分辨率和计算时间冗长,难以在大尺度模拟中广泛应用,一般来说较适用于计算局部波浪条件,例如港内波高分布等。

因此,对实际海洋中的大尺度波浪推算,尤其是实际海洋中在风力作用下风浪模式多数采用基于相平均的波能守恒与波浪谱模式,较为广泛使用的是 DELFT 水力学所开发的 SWAN 模式和丹麦水力学所开发的 SW/NSW 模式。本书中选用 NSW 波浪模式,采用基于能量守恒原理求解波浪参数,并计算外海波浪传播至到近岸的稳态参数,外界能量输入和耗散用源汇项表示。模式中主要考虑了波浪的浅水变形、折射、破碎、底部摩阻的影响,以及稳态风场的作用。输出结果包括特征波高、平均波周期和平均波向,可为波生流模式提供输入条件。

在计算中,引入波作用谱的零阶矩和一阶矩来描述波浪在频率空间的分布情况。其控制方程形式如下:

$$\frac{\partial C_{gx}m_0}{\partial x} + \frac{\partial C_{gy}m_0}{\partial y} + \frac{\partial C_{\theta}m_0}{\partial \theta} = T_0 \tag{2-80}$$

$$\frac{\partial C_{gx}m_1}{\partial x} + \frac{\partial C_{gy}m_1}{\partial y} + \frac{\partial C_{\theta}m_1}{\partial \theta} = T_1 \tag{2-81}$$

式中,$m_0(x,y,\theta)$为波作用谱的零阶矩;$m_1(x,y,\theta)$为波作用谱的一阶矩;C_{gx}与C_{gy}为波群速度在 x、y 方向上的分量;C_θ 为波浪沿 θ 方向的行进速度;T_0 与 T_1 为源项。n 次矩 m_n 的定义为:

$$m_n(\theta) = \int_0^{\infty} \omega^n A(\omega,\theta)\,\mathrm{d}\omega \tag{2-82}$$

式中,ω 为角频率;$A(\omega,\theta)$为能量密度函数。

控制偏微分方程的空间离散采用 Euler 差分格式。波作用谱的零阶矩和一阶矩均基于矩形网格进行计算。在模型中设定 x 方向为波浪传播的主向,并在 x 方向采用向前差分格式,y 方向和 θ 方向可选择采用 up - wind 格式,central 格式或者 quadratic - up wind 格式。

由于在控制方程中考虑了风能的输入、底部摩阻造成的能量损耗以及波浪破碎效应,且源函数为非线性的,因此在 $x-y$ 平面上的每个计算节点均采用非线性迭代。外界风能输入采用 Johnson[162] 提出的公式,提供几种不同的风能计算公式,包括 SPM73/HBH、SPM84、Kahma - Calkoen[163]、SPM73 和 JONSWAP 公式等。底部摩阻引起的能量耗散 Dingemans[164] 提出的公式:

$$\frac{\mathrm{d}E}{\mathrm{d}t} = -\frac{1}{8\sqrt{\pi}}\frac{C_{fw}}{g}\left(\frac{\omega H_{rms}}{\mathrm{sh}|\vec{k}|h}\right)^3 \tag{2-83}$$

式中,$E = H_{rms}^2/8$;$C_{fw}=f_w/2$ 为波浪摩阻系数,其中 f_w 的取值与式(2-43)相同。

波浪破碎造成的能量损耗采用 Battjes 和 Janssen[165] 提出的公式:

$$\frac{\mathrm{d}E}{\mathrm{d}t} = -\frac{\alpha}{8\pi}Q_b\omega H_m^2 \tag{2-84}$$

$$H_m = \gamma_1|\vec{k}|^{-1}\mathrm{th}(\gamma_2|\vec{k}|h/\gamma_1) \tag{2-85}$$

式中,H_m 为最大容许波高;Q_b 为破波比例;α 为经验系数;γ_1、γ_2 为可调系数。

2.5 粘性泥沙运动计算模式介绍

2.5.1 控制方程

在淤泥质海岸,泥沙以粘性为主,并主要以悬移质形态存在已成为基本认识。在目前大多数的泥沙输运方程中,假定悬移泥沙质点随水体同时运动,从而对流项可直接与流速建立关系。在泥沙运动模式中,控制方程形式为三维对流扩散方程,见式(2-86)。

$$\frac{\partial C}{\partial t}+\frac{\partial UC}{\partial x}+\frac{\partial VC}{\partial y}+\frac{\partial(W-\omega_s)C}{\partial z} = \frac{\partial}{\partial x}\left(A_H\frac{\partial C}{\partial x}\right)+\frac{\partial}{\partial y}\left(A_H\frac{\partial C}{\partial y}\right)+\frac{\partial}{\partial z}\left(K_H\frac{\partial C}{\partial z}\right) \tag{2-86}$$

式中,C 为含沙量;U、V、W 为 x、y、z 方向的流速分量;A_H、K_H 意义与以上相同,ω_s 为泥沙沉降速度。

泥沙和水体在底床面进行物质交换,当交换边界处水流作用较强时,泥沙在水流带动下冲刷悬浮进入上层水体,而当底面水动力较弱时,本已悬浮在水体中的泥沙将重新落淤形成床面。底床冲刷和淤积通量分别由 E 与 D 表示,并设置为泥沙数学模型的底部边界条件。至于表层边界,认为无外界泥沙的输入,从而含沙量梯度为零,见方程(2-87)和方程(2-88)。

表层:

$$K_H\frac{\partial C}{\partial z}=0, z\to\eta \tag{2-87}$$

底层：

$$K_H \frac{\partial C}{\partial z} = E - D, z \to -h \tag{2-88}$$

2.5.2 近底通量

冲刷通量 E 的确定采用 Gailani 等人[166]的公式，补充考虑了泥沙固结历时对冲刷特性的影响，见式(2-89)：

$$\varepsilon = \frac{a_0}{T_d^m}\left(\frac{\tau_b - \tau_{ce}}{\tau_{ce}}\right)^n \tag{2-89}$$

式中，ε 为冲刷率；a_0 与 n 分别为冲刷系数和冲刷指数，其数值与底床泥沙特性有关，往往需要根据实测资料进行率定；τ_b 为床面剪切应力；T_d 为淤积历时；m 为经验系数，视底床淤积固结条件而定。

以上关系式的参数大致取值范围可参见 Tsai 和 Lick[167]的试验。ECOMSED 开发组在模型性能测试时比较了 Gailani 公式中各参数在不同实际工程实践中的试验数据，见表 2-2，共对 12 组不同水环境和组分的泥沙样品进行分析。表 2-2 中反映出，根据不同的泥沙底质条件，公式中的参数取值差异最大可在两个量级的级别上。这种现象说明泥沙冲刷是一个极为复杂的过程，尽管都是黏性泥沙，在不同区域和固结条件下，起动特性有很大区别；这也提醒我们在进行数值模拟中，必须综合调查当地泥沙的特性，如缺乏现场资料，针对参数的率定与验证是必不可少的过程。

Gailani 冲刷通量公式参数取值 表 2-2

时 间	工程案例	τ_{ce}(dyne/cm^2)	T_d(d)	m	n	a_0
1983	Fox River	1.00	2	0.8	2.3	1.30
1990	TIP	1.00	7	0.5	3.0	0.07
1990	Buffalo River	1.00	3	1.1	3.1	0.27
1991	Saginaw River	1.00	21	2.1	2.7	1.50
1992	Pawtuxet River	1.00	7	0.5	2.0	0.64
1994	Watts Bar Resvior	1.00	7	2.0	2.7	5.00
1995	Upper Miss River	0.75	7	2.0	2.6	5.40
1997	Lavaca Bay	1.00	7	0.5	1.9	1.87
1998	Passaic River	1.00	7	0.5	1.7	3.68
1999	Hackensack	1.00	7	0.5		1.22
2000	Iran Jaya	1.00	7	0.5		1.20

值得注意的是,Tsai 和 Lick 在试验中观察到,黏性泥沙冲刷进入上层水体的过程并非与水动力条件瞬时相应,而是接近 1h 后才接近冲刷平衡,从而在 Gainali 模型中将假设冲刷量按时间等分,有:

$$E_{tot} = \frac{\varepsilon}{3600\text{s}} \tag{2-90}$$

式中,E_{tot}在冲刷时间内认为是常数,直到当前所有泥沙均起动为止;一旦当前床面泥沙量 ε 均已起动,则令 $E_{tot}=0$,直至有新淤泥沙落至床面或床面剪切力增高为止。

在对淤积通量的计算中,较为流行的模式为 Krone[114] 提出的"淤积概率"概念,被绝大多数数值模式沿用,有:

$$D = \omega_s C_b P \tag{2-91}$$

式中,D 为淤积通量;C_b 为靠近床面处的含沙量;ω_s 为絮凝沉速;P 为淤积概率。天然状态下,近底泥沙并非全部落淤于床面,而仅有部分泥沙能够直接粘结在底床而成为海底的一部分。从而 P 表征了近底泥沙絮团的沉降相异性,亦是一个较难取值却又十分重要的参数。

文献[114]中同时给出了淤积概率 P 的表达式:

$$P = \begin{cases} 1 - \dfrac{\tau_b}{\tau_{cd}} & \tau_b < \tau_{cd} \\ 0 & \tau_b \geqslant \tau_{cd} \end{cases} \tag{2-92}$$

式中,τ_b 为床面处的剪切应力;τ_{cd}为临界淤积切应力。

2.5.3 絮凝沉速

黏性泥沙的絮凝沉速是一个较难测量的物理量,几十年来,国内外学者对这一课题作了大量的实验室观测和现场测量工作,但由于原型的复杂性,至今仍未有一个很好的结论。根据不同的经验公式,得到的絮凝沉速往往相差一个,甚至两个量级之多。

理论上,对絮凝沉速的描述应能够反映絮团结合、分散的过程,但实际上往往不可实现。尽管计算沉速的数值有所差异,目前较为公认的影响絮凝沉速的主要因素为含沙量和絮团内剪切力。Burban 等人[127]通过对大量不同水力条件下泥沙样品的沉降试验,给出经验表达式:

$$\omega_s = \alpha(CG)^{\beta} \tag{2-93}$$

式中,$\alpha=2.42$、$\beta=0.22$ 为经验系数;G 为内剪力,可由式(2-94)计算:

$$G = \rho K_M\left[\left(\frac{\partial U}{\partial z}\right)^2 + \left(\frac{\partial V}{\partial z}\right)^2\right]^{1/2} \tag{2-94}$$

从而可以看出，絮凝沉速在每一计算时步均与该层水体流速相关，从而这一表达式为隐式条件，需要配合水动力模型耦合求解。

2.5.4 床面分层模型

黏性泥沙的冲刷和淤积本质均为近底泥沙通量和床面的交换。当泥沙被冲起或落淤后，底层床面必然随冲淤而改变性质。从垂向分布来看，根据 Maa 和 Sanford[123]的研究成果，粘性床面的抗冲刷能力在垂向上迅速增大。在此意义上，建立一个动态的、随冲淤交换的床面模型是合理的。底床泥沙的主要表征参数为冲刷和固结，在天然海洋中，底床性质是随空间和时间各向异性，十分复杂的。随着泥沙组分、固结时间的不同，各点泥沙的起动特征也相差甚远。从而模型中将底床分为多层，每层均具有各自的冲刷参数、密度和厚度。

在计算中，每当一层泥沙全部悬浮后，冲刷转向下一层，直至所有泥沙均起为止。当出现淤积时，新淤泥沙被视作与表层床面泥沙具有相同特征，即 τ_{ce}、T_d 和 ρ_d 相同。然而，由于底床固结的复杂性，在 SED 模块中暂不考虑床面泥沙的随时间固结特征。模型采用理论可见文献[168]。

2.6 小结

在本章中，以国际通用的海岸水沙动力模拟代码 ECOMSED 为平台，通过理论分析、公式推导与程序编制相结合的技术路线，建立了一个波流耦合的三维水流、粘性泥沙运动数值模式，可应用于对淤泥质海岸水沙动力的后续研究中，主要内容与结论归结如下：

(1)系统介绍了文中采用的潮流模拟技术。控制方程采用基于静压假设与 Boussinesq 近似下的三维 Navier-Stokes 方程；垂向紊流模拟采用 Mellor-Yamada 2.5 阶模型，水平紊动模拟采用 Smagorinsky 方程；方程离散采用基于 C 网格的有限差分法；水位、流速求解时采用模式分裂法。

(2)建立了波流耦合的水沙动力三维计算模式。模式中引入波生时均剩余动量作为波生流的主要驱动力；引入破波水滚效应以描述波浪破碎后的附加动量；将波浪引起的紊动效应以水平、垂向掺混系数的方式参数化；考虑了波流共同作用下的底部剪切力影响。

(3)系统介绍了文中采用的波浪计算模式，为后续模拟提供支持。大范围波浪模拟采用基于能量平衡与能量谱的模式，可有效模拟风应力、底摩阻、波浪浅水变形与破碎等物理机制，所得波浪参数可为耦合模式提供波浪输入条件。

(4)系统介绍了文中采用的黏性泥沙运动计算模式，为后续对淤泥质海岸泥沙运动的模拟提供支持。模式中考虑了悬移质对流扩散效应、近底通量、絮凝沉速与内部紊动效应、床面分层等。

本章主要创新点为:

(1)改进了波浪破碎时的表面水滚传输平衡方程。推导中结合了Goda公式与Dally-Brown公式中的思路,同时考虑了水滚传递率、水滚体密度和地形底坡对破波水滚动量传输的影响。

(2)修正了波浪水平紊动系数表达式。根据线性波理论,将Larson-Kraus的二维计算公式拓展至三维,可反映波生水平紊动系数的垂向分布差异。

3　波流耦合的水动力模式验证及敏感性分析

在近岸地区,由于水深较浅,波浪作用强烈,从而波流耦合后出现各种波生流态,在不同维度上构成了复杂的近岸流结构,其中包括波浪正向入射形成的底部离岸流现象(undertow)、斜向入射引起的沿岸流现象(longshore current)、复杂地形下的裂流结构(rip current)等;此外,由于海岸工程的存在,特别是波浪在受防波堤遮挡下形成的堤后环流现象也被广泛观测到。在实际海洋中,由于地形和波浪条件的多变,几种波生流态同时存在,并与潮流相互影响并叠加,形成了复杂的流场。这种独特的流态对泥沙运动、污染物扩散等可起到重要作用。实际上,在沙质海岸,波生流已被公认是泥沙输运的主要动力,而在淤泥质海岸条件下波生流现象缺少考察,也是着重进行的工作之一。

测试一个建成的数值模式,应从三方面进行着重论证:

(1)理论的合理性。数值模拟的本质在于利用力学平衡方程描述物理现象,方程中的各项均有明确的物理意义,为了测试模型理论,必须采用实测数据进行验证。

(2)模型表现力与通用性。波生流现象极为复杂,并且较之潮流来讲尺度更小,对输入波浪条件也更加敏感。随来波条件的差异,将形成截然不同的流态。因此,所建模式必须能够描述在各种维度、各种来波条件下的波生流场特性。这便要求实测验证资料达到一定数量,并涵盖尽可能多的工况。如果实测算例太少,有时可掩盖模型的瑕疵,将为后续计算埋下隐患。因此,书中将对大量经典的波生流现象进行模拟,包括垂向二维(2DV)的底部离岸流现象、准三维(quasi-3D)的沿岸流现象、三维(3D)的裂流和堤后绕流现象等,分别从不同角度考察所建模式在不同维度及工况下对实测现象描述的表现力,实现通用性。

(3)参数的适定性。数学模型中存在许多不同物理背景下的经验参数,其来源主要有两种:一是具有特定的物理背景,从而带有明确的取值范围;二是来自物理试验的拟合值,或由于理论不成熟从而假设某种数学关系得到的系数值等,往往缺少明确的物理意义,从而是一个率定参数。参数取值对模拟结果均有或多或少的影响。在有充足实测资料的情况下,可以通过率定调试得到较好结果,然而在预报算例中,特别是实际海岸中,参数往往难以预先确定,这就需要充分了解参数的取值特征,以便在缺少资料的条件下也可得到较为合理的模拟结果。因此,也将对模型参数中的待定参数进行严格的敏感性分析和论证,以实测资料为依据,推荐较为合适的参数范围,保证适定性。

3.1 底部离岸流现象

当波浪垂直岸线正向入射并破碎的条件下,Svendsen[82]指出破波带内底部存在一股指向外海的离岸流,并将近岸泥沙向外海输送,这一流态是沿岸沙坝生成的主要驱生动力。许多学者曾采用实验室波浪水槽对这一流态进行研究,得到了丰富的试验资料,以下将采用不同尺度和地形下的水槽数据对模型进行测试。

3.1.1 Ting - Kirby 单坡水槽试验

Ting 和 Kirby[169]利用单一坡度波浪水槽对这一现象进行研究。试验水槽总长度为 40.0m,宽度 0.6m,高度为 1.0m,设计地形坡度 1 ∶ 35,静水深设置为 0.4m,试验条件见图 3-1。试验中对崩破波和卷破波两种破碎波形态分别进行了研究,试验输入条件见表 3-1。

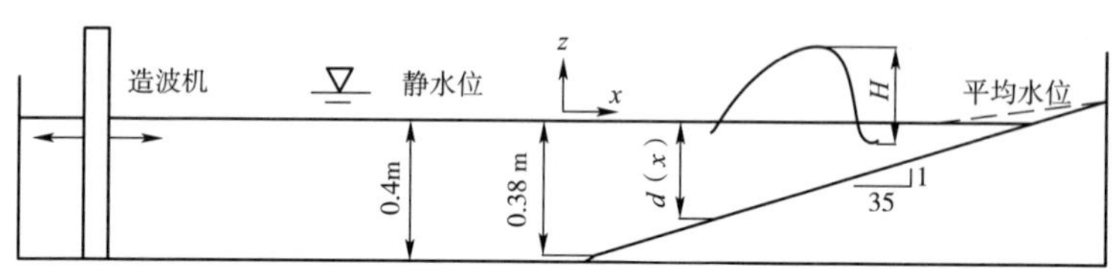

图 3-1 Ting - Kirby 波浪水槽布置示意图

Ting-Kirby 试验基本参数 表 3-1

破碎波类型	入射波高 H_h	波周期 T	H_0/L_0	破碎波高 H_b	破碎水深 D_b
卷破波	0.128m	5.0s	0.0023	0.188m	0.156m
崩破波	0.125m	2.0s	0.02	0.165m	0.196m

波浪参数是波生流模式中的主要输入条件。目前,根据不同的理论假设和近似,存在多种波浪计算模式,分别可以在一定程度上解决各自的研究问题。在波浪破碎的判别上,多数采用破波指标 $\gamma = H/d$ 来描述,其中 γ 多在 0.6 ~ 0.8 之间。然而在波浪临近破碎的区域,强烈的非线性效应使得波浪的形状发生改变,波峰陡峭波谷平坦,甚至出现孤立波型。这样的动力条件使得大部分波浪模式在破波点附

近区域失效，例如在表 3-1 中，崩破波条件下 $H/d=0.84$，而卷破波甚至达到 $H/d=1.21$，从而采用波浪数学模型难以刻画这样的破碎条件。Svendsen 等人[170]指出，在破波带内，采用经典的正弦波理论进行模拟将会低估波高 20% ~60%，从而破碎后的波高沿程衰减率较之实测值偏低。因此，Dally 和 Brown[86]提出建议在破波区域采用拟合实测数据的方式对波浪参数进行确定。

此外，由于实际中波流是完全耦合的，从而波生流场对波浪传播也有一定影响，而这些耦合效应均已包含在实测波浪参数中，可以避免由波浪模型带来的输入误差。因此，对实测波高数据进行曲线拟合，并据此作为波生流模式中的输入条件，拟合情况见图 3-2 和图 3-3。

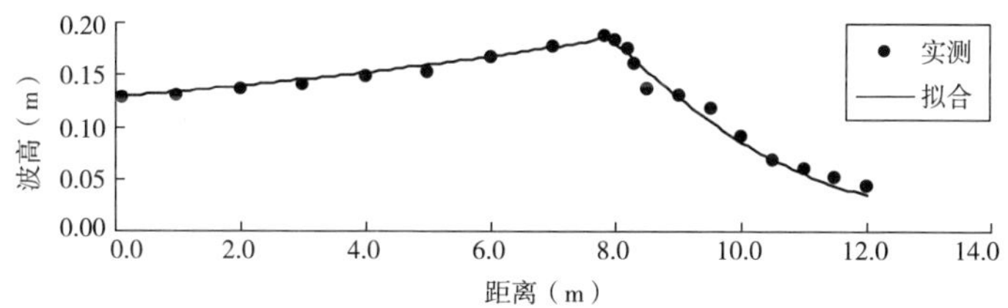

图 3-2　卷破波条件下波高沿程拟合情况

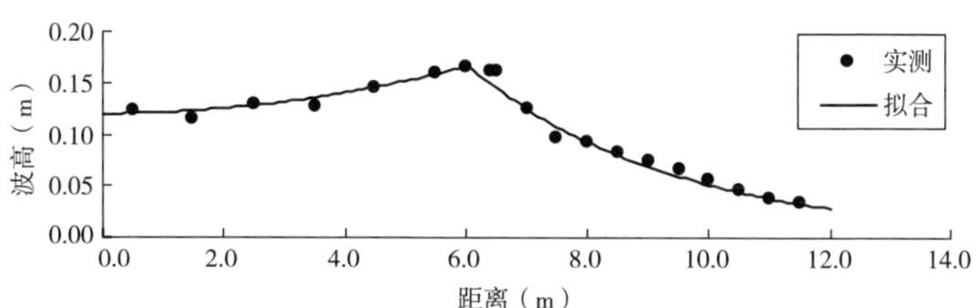

图 3-3　崩破波条件下波高沿程拟合情况

经调试，取模型输入参数见表 3-2。增减水、流速垂向分布验证情况见图 3-4 ~ 图 3-7。从图中看出，计算增减水梯度较实测值偏大。经分析，认为在该试验中，增减水数值仅在毫米量级，在试验仪器测量误差以内，从而其数值并非严格可靠，特别是在崩破波工况下，实测值甚至未出现减水现象，从而不能完全作为判断数学模型精度的依据。至于流速的垂向分布，尽管量级和分布形态近似一致，计算流速梯度较之实测值显得更加均匀。经分析，临近破碎的波浪形状接近椭圆余弦波，然而目前大多数的时均剩余动量公式均采用线性波理论进行推导，从而实际中强烈的非线性效应使得在线性波理论下推导的动量流传递与真实破波条件有一定出入，因此得到的垂向结构也应有所差异。

Ting – Kirby 试验数值模拟输入参数 表 3-2

破波类型	水平步长	垂向层数	时间步长(s)	b	α	ρ_R(kg/m^3)	λ
卷破	0.1 m	$\sigma=11$	0.015	0.001	0.60	900	0.20
崩破	0.1 m	$\sigma=11$	0.015	0.001	0.50	900	0.20

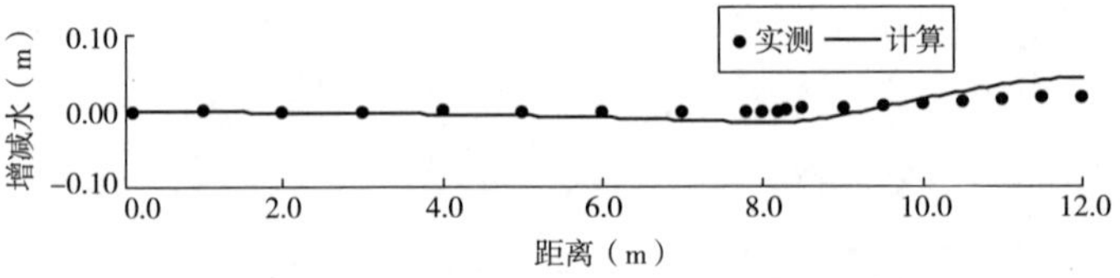

图 3-4 卷破波条件下增减水验证

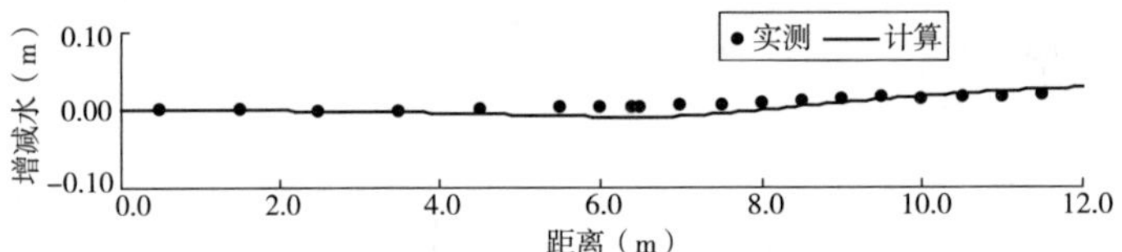

图 3-5 崩破波条件下增减水验证

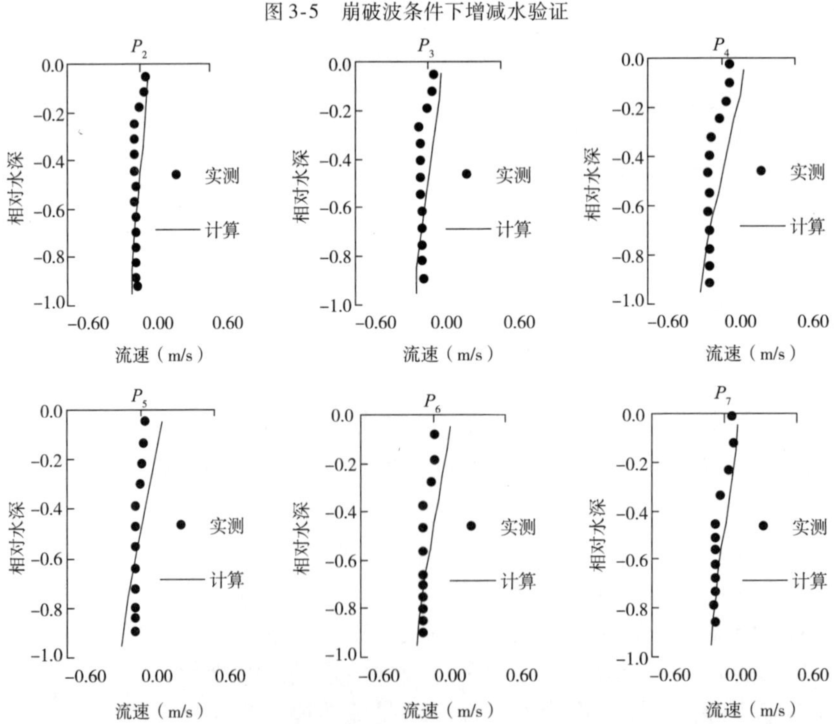

图 3-6 卷破波条件下垂向流速结构验证

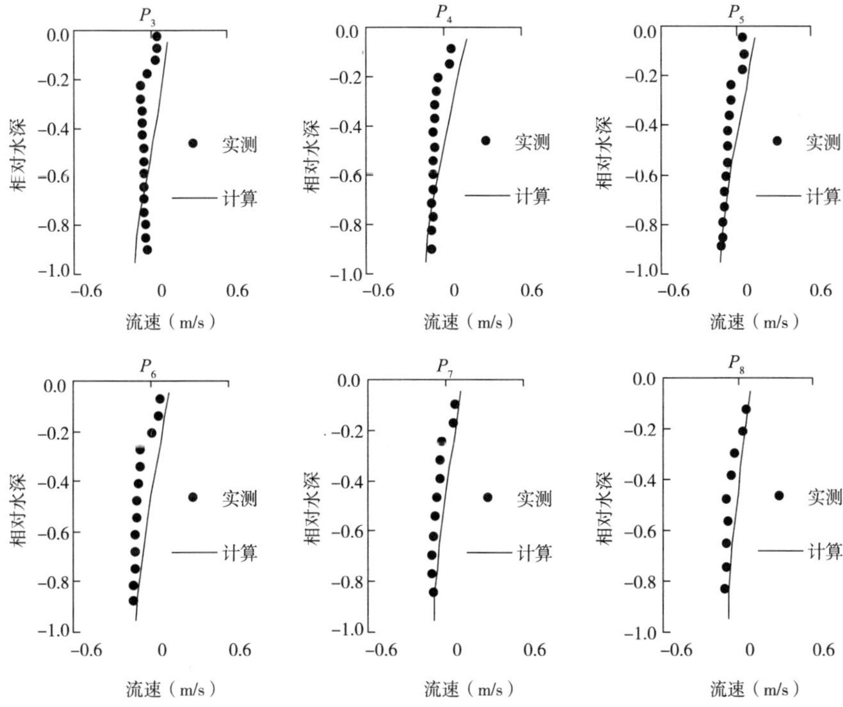

图 3-7 崩破波条件下垂向流速结构验证

尽管存在以上差异，图中仍反映出所建模型有效把握了底部离岸流和增减水的整体分布形态，能够合理描述波浪引起的垂向时均流场结构，所模拟得到的分布规律和量级均与实测数据吻合，规律和量值均合理。

图 3-8 中以卷破波工况为例示意了波生垂向流场结构，显示在破波点附近，向、离岸两侧形成相反的垂向环流结构。值得注意的是，两个环流圈的相接位置并非出现在破波点处，而是位于破波带内一定位置。这一特征是由于表面水滚的作用造成波生时均动量峰值向岸推移形成的，具体将在 3.5.1 和 3.5.2 节中详细分析。流场显示破波点外表层离岸流动，底层向岸流动；而破波带内底层流指向破波点，而表层流指向岸边。这一流场特征与 Svendsen 在文献[82]中对底部离岸流现象的描述是一致的。

3.1.2 CROSSTEX 变坡水槽试验

尽管数值技术已经广泛应用于多尺度、复杂地形的模拟中，但以往在对离岸流的物理实验中，多数采用平直、单一坡度的水槽，而对复杂地形下波生流场的垂向结构则缺少数据,从而数学模型的合理性难以得到进一步验证。此外,以往的物理实验多数为小尺度的,水深往往只有几十厘米,其波高也仅为厘米量级,在此条件下,实测数据往往难以控制测量误差。考虑到这一缺陷,Scott 等人[171]利用 Oregon 州立大学波浪实验室的大尺度变坡水槽系统 CROSSTEX 对复杂地形下的波生流场进行研究,试验条件更加接近现场状态。水槽总长度 104.0m,宽度 3.7m,深度可达 4.6m。实测水槽地形、波高与观测点位置见图 3-9,波浪入射条件见表 3-3。

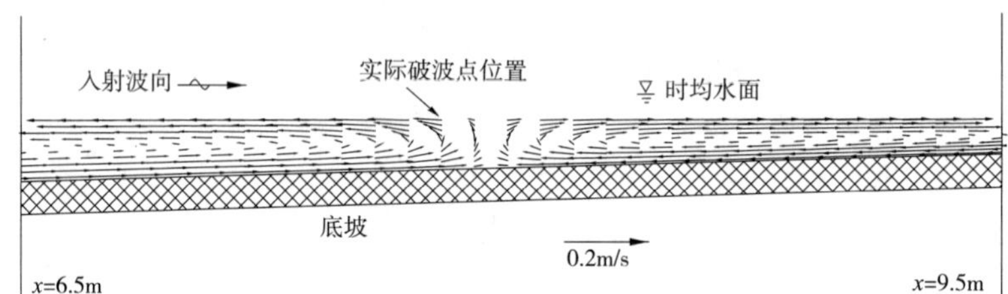

图 3-8　卷破波条件下垂向流场结构示意

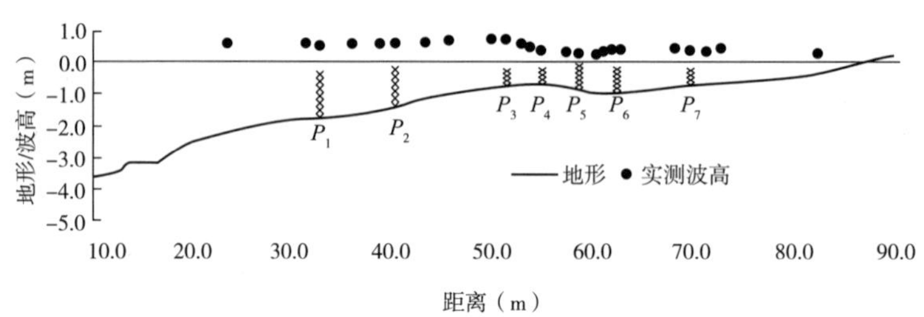

图 3-9　CROSSTEX 试验情况(图中 P 为观测断面,叉号代表流速垂向测点位置)

CROSSTEX 试验基本参数　　表 3-3

波周期 T(s)	深水波高 H_0(m)	深水波长 L_0(m)	破碎波高 H_b(m)	破碎波长 L_b(m)
4.0	0.64	25.0	0.75	10.9

文中采用试验中的规则波算例对底部离岸流进行模拟,模型输入参数见表 3-4。在对波浪参数的模拟中,采用基于抛物近似的缓坡方程模式,得到波浪场验证情况见图 3-10。

数学模型计算参数　　表 3-4

水平步长(m)	垂向层数	时间步长(s)	b	α	ρ_R(kg/m^3)	λ
0.4	$\sigma=11$	0.04	0.001	0.50	800	0.20

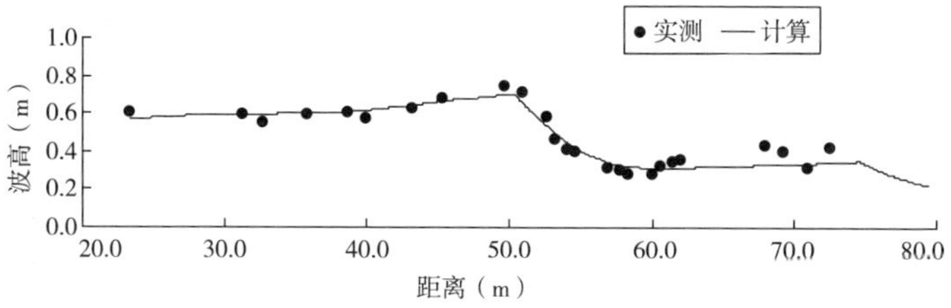

图 3-10　CROSSTEX 规则波波高验证情况

增减水与流速垂线分布验证见图 3-11 与图 3-12。验证情况与 Ting - Kirby 水槽试验的规律基本一致，由于近岸破波的非线性特征，模拟得到的底层流速略低于实测值，但其分布规律几乎与实测资料完全一致。

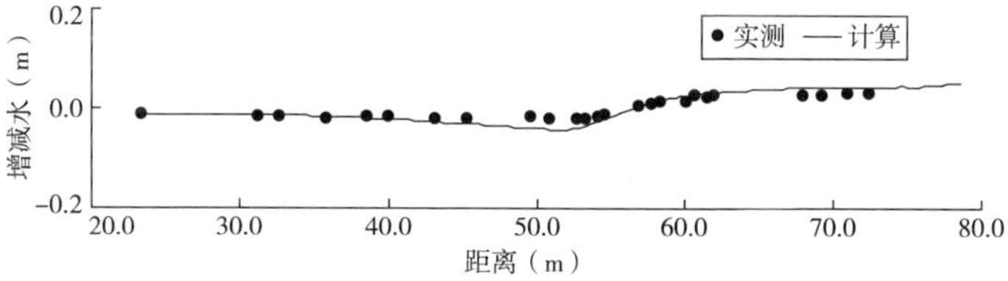

图 3-11　CROSSTEX 增减水验证情况

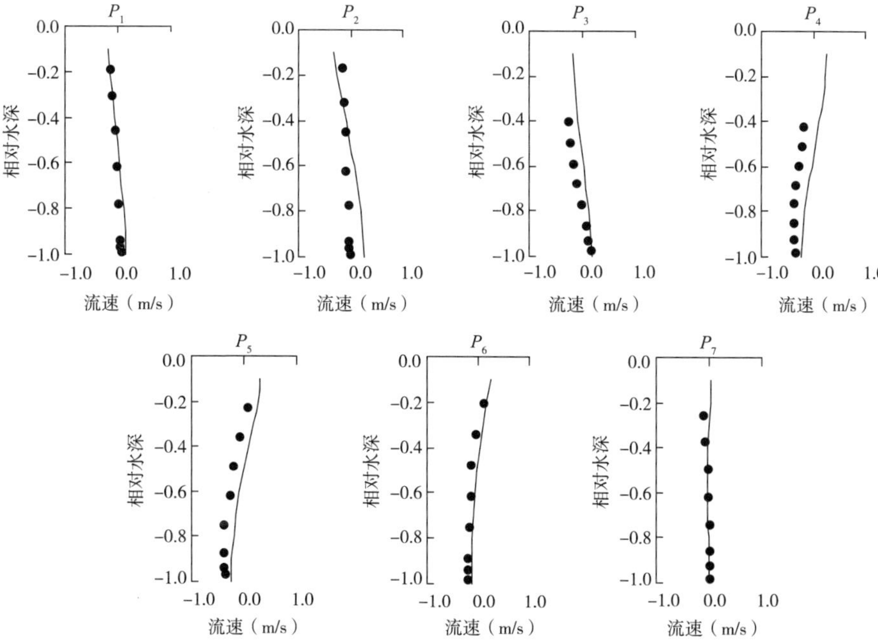

图 3-12　CROSSTEX 垂向流速分布验证

通过以上对不同尺度、不同地形的水槽资料验证，表明采用所建模式可较好地表达复杂底坡地形下的增减水现象与垂向流速结构。观察图 3-13 中的整体流场分布，与 Ting – Kirby 算例类似，破波点位置与垂向环流的交汇点并不一致，证明了在破波条件下的底部离岸流研究中，应考虑破波水滚效应。

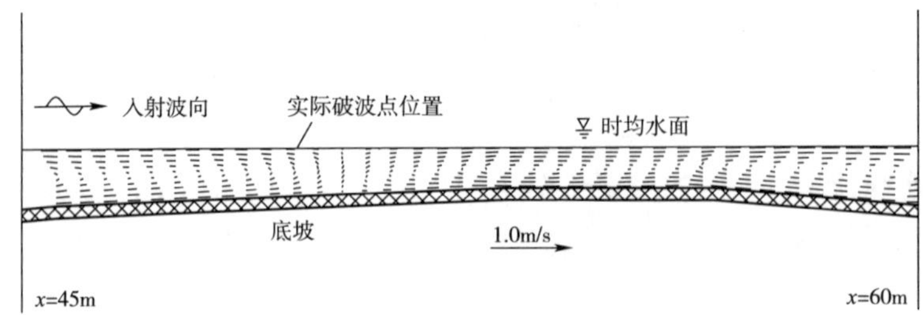

图 3-13　CROSSTEX 垂向流速结构示意

3.2　沿岸流现象

当波浪与岸线呈一定夹角入射时，将在沿岸方向形成净流动，被称为沿岸流(longshore current)。在沙质海岸，沿岸流是泥沙沿岸输送的主要动力之一。在 Longuent – Higgins 首先提出二维辐射应力概念的初期，沿岸流是最先被广泛研究的波生流现象。Visser[172] 在 Delft 理工大学建立了第一个高精度的沿岸流水槽，长度 34.0m，宽 16.6m，高度为 0.68m，底部采用混凝土板，平面布置见图 3-14。试验中考虑 1 : 10 和 1 : 20 两种坡度，表 3-2 列出了主要试验参数。数值试验中选取 4 号、6 号组次对模型进行验证。其中 4 号试验波浪条件为卷破波，6 号试验介于崩破波与卷破波之间。波浪入射条件见表 3-5，波高拟合见图 3-15 和图 3-16。

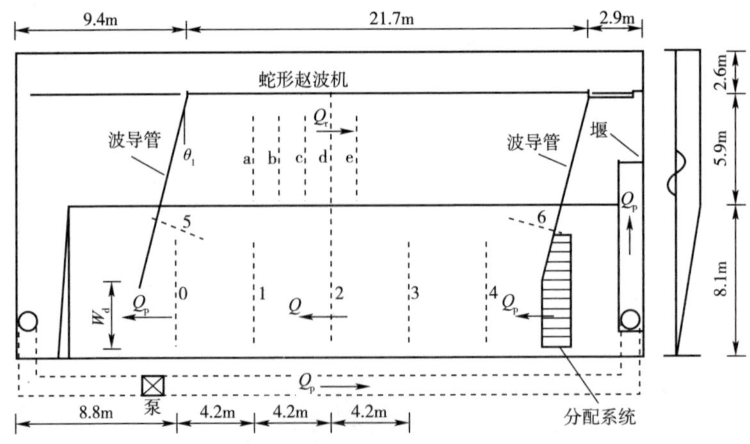

图 3-14　Visser 波浪水槽布置示意图

Visser 试验基本参数 表 3-5

试验组次	破波类型	入射波高(m)	波周期(s)	波向角(°)	坡前水深(m)	底 坡
4 号	卷破波	0.078	1.02	15.4°	0.35	1:20
6 号	崩/卷破波	0.059	0.70	15.4°	0.35	1:20

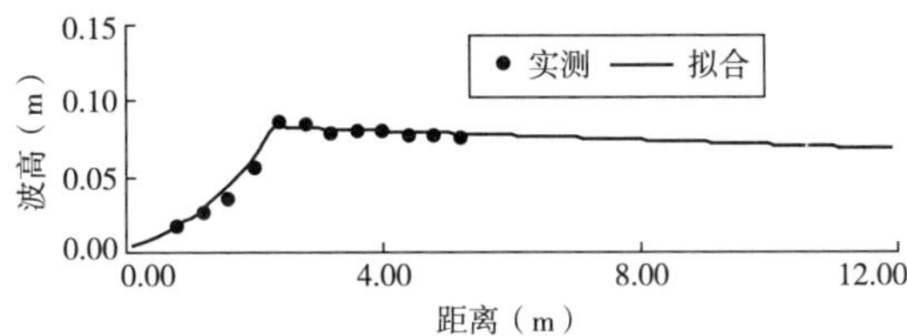

图 3-15 Visser 试验 4 号波高拟合

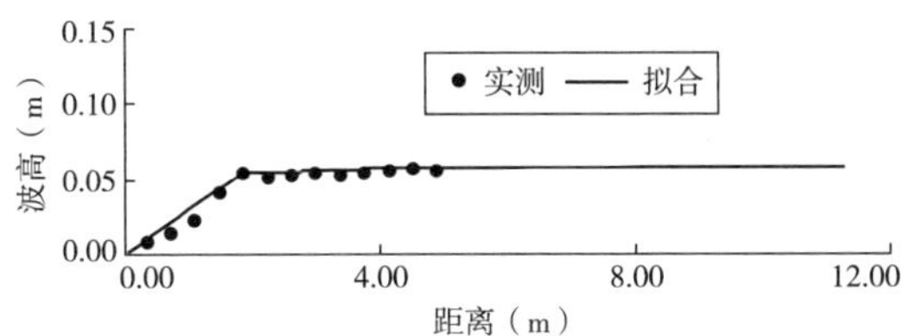

图 3-16 Visser 试验 6 号波高拟合

数学模型输入参数见表 3-6。沿岸流水平分布验证见图 3-17 和图 3-18。根据模拟,所得沿岸流结构与实测值达到相当良好的相关度,通过引入破波水滚效应,沿岸流峰值位置和垂向平均流速数值均与实测值吻合。理论分析表明,驱动沿岸流的主要因素为波生动量的沿岸分量($M_{xy}+R_{xy}$)与床面摩阻。当波浪与岸线存在夹角入射时,平面波生动量的沿岸侧向分量将驱动水体在顺岸方向产生稳定的净流动。在破波点附近,波高迅速变化导致动量梯度增大,因此沿岸流速较高;而在深水区域,尽管波高较大,但沿程波高差异很小,从而形成的动量梯度远较破波带内低,从而驱生的侧向动量流很小,因此在破波带外的沿岸流速很低,并向离岸方向减小直至为零。

Visser(1991)数学模型计算参数 表 3-6

试验组次	水平步长(m)	垂向层数	时间步长(s)	b	α	ρ_R(kg/m^3)	λ
4 号	0.2	$\sigma=6$	0.03	0.001	0.40	900	0.40
6 号	0.2	$\sigma=6$	0.03	0.001	0.30	900	0.50

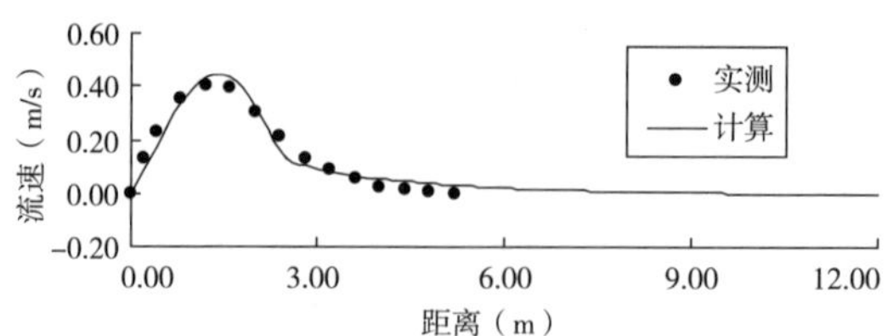

图 3-17　Visser 试验 4 号沿岸流速验证情况

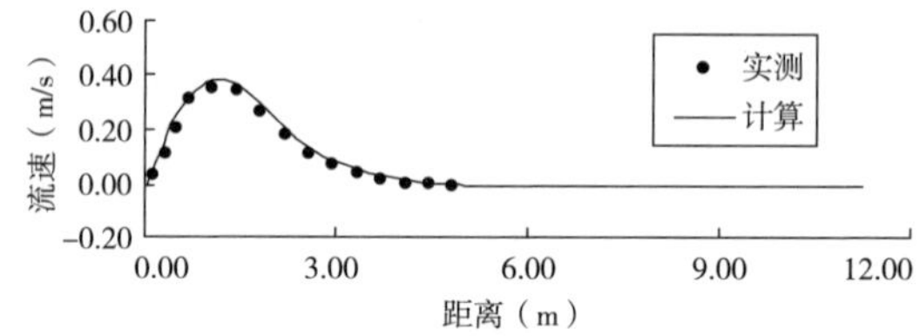

图 3-18　Visser 试验 6 号沿岸流速验证情况

值得指出的是，Visser 的观测表明，破波带内沿岸流的垂向分布较为均匀，并不服从经典的对数假设，这一现象也被 Hamilton 和 Ebersole[173] 通过大尺度 LSTF 水槽试验所发现。对此的解释目前仍是波生流研究中的热点问题，不同学者间亦存在观点的差异。其中具有代表性的是 Putrevu 和 Svendsen[89] 提出的波浪紊动传递和掺混模型。与 Svendsen 等人类似，作者亦认为这种特征可能与波浪质点往复运动引起的附加垂向紊动掺混效应有关，较大的粘性可使得流速垂向剖面更加均匀，此外，根据 Svendsen 等人[170] 对 LSTF 水槽的模拟结论，实际上由于受到底部离岸流的影响，沿岸流方向并非与岸线严格平行，而是在垂线上流向有所差异，从而是一个三维结构。图 3-19 中验证了各观测断面的垂向流速分布，其中 V 代表当层流速，V_{ave} 代表垂向平均流速。图中反映出，模拟得到的流速沿岸分量垂向梯度总体来讲与实测值规律相近，关于对波生垂向掺混效应的分析将在 3.5.3 节与 3.5.4 节中详细讨论。

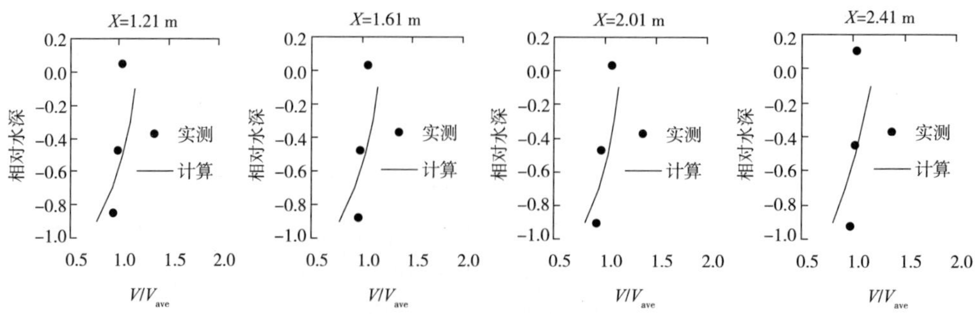

图 3-19　Visser 试验 4 号沿岸流垂向流速分布验证

3.3 裂流现象

以上探讨的底部离岸流和沿岸流现象均为沿岸地形均匀平直条件下的流态。然而,实际海滩剖面在沿岸方向是不规则变化的,这种地形的沿程不均匀将会导致裂流现象。Borthwick 和 Foote[174] 在英国海岸工程研究所采用 UKCRF 波浪水槽对正弦波状地形下的裂流结构进行研究。水槽沿岸方向宽 36m,垂直岸线长度 27m,造波板处水深设置为 0.5m,地形坡度采用 1:20。图 3-20 为试验地形的三维示意,每个水下凸起的沿岸长度 4.0m,离岸长度 5.0m,正弦凸起处水深服从公式:

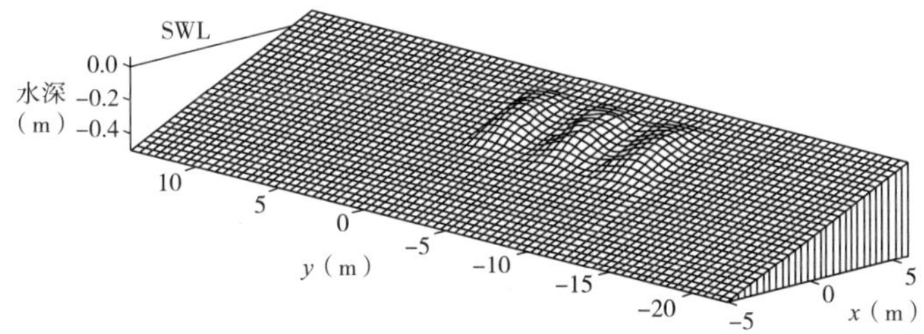

图 3-20 UKCRF 试验地形示意图

$$h_s(x,y) = s\left\{(xL - x) - A\sin\left(\frac{\pi(xL - x)}{xL}\right)\left[1 + \sin\left(\phi - \frac{2\pi y}{R}\right)\right]\right\}$$

式中,s 为地形坡度;$A = 0.75$m 为正弦凸起的振幅;$R = 4.0$m 为单个凸起的顺岸长度;$\phi = 3\pi/2$ 为相位角。采用波浪正向入射的算例对模型进行考察,入射波高 0.125m,波周期 1.2s。数学模型输入条件见表 3-7,所模拟得到的垂线平均流场与实测比较情况可见图 3-21。

Borthwick and Foote 试验数值模拟输入参数 表 3-7

水平步长(m)	垂向层数	时间步长(s)	b	λ
0.1	$\sigma = 4$	0.01	0.001	0.20

大量观测数据和数值模拟均表明裂流是一种不稳定的结构,流场分布往往随时间推移而不断变化。在模拟中,尽管严格正向对称入射,裂流仍可能呈现出偏向一边的流态。图 3-21a) 与图 3-21b) 中分别列出时间 $T = 12$s 与时间 $T = 240$s 时刻的流场矢量,可以发现,计算初始时流场呈对称态,而当计算继续进行,裂流矢量逐

渐指向下方。

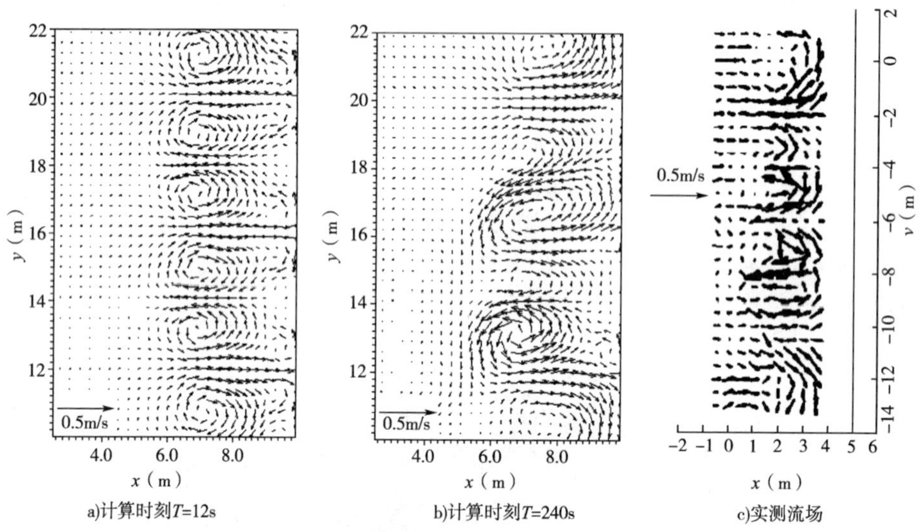

图 3-21　UKCRF 计算与实测垂线平均流场

值得一提的是，国内外一些学者也曾利用不同的数值模式对 UKCRF 水槽进行模拟研究，其中 Rogers 等人[175]采用 Godunov 模式得到了严格对称的环流结构，其形态与图 3-21a)类似；白志刚等人[176]等采用准三维近岸模式 SHORECIRC 得到了图 3-21b)中的非对称流态。此外，Hass 和 Warner[177]在比较 SHORECIRC 和 ROMS 计算正向入射的裂流现象中，也得到了非对称周期游荡的流态，并指出这种非对称性的方向随着计算模式的不同将略有差异。以上分析和讨论进一步证明了图 3-21 中计算流场的合理性。通过与试验数据[图 3-21c)]的对比，所模拟流场无论是流速量级还是环流的发展位置均与实测资料吻合良好，证明了所建模式在裂流现象研究中的适用性。

3.4　堤后环流现象

海岸工程中，建筑物的存在使得波浪在传播中受到阻挡而形成反射、绕射等现象，引起波浪参数的局部陡变，形成梯度。经验和观测均显示，存在防波堤时，堤后将形成一个立轴环流结构。为了评价近岸波生流模型的适用性，Nicholson 等人[178]曾建立数值试验对几种流行的二维数学模型进行比较，其中包括 DHI 模式、DH 模式、HR 模式、STC 模式以及 UL 模式等。对比采用防波堤掩护下的波浪场、波生绕堤流态和地形演变等几个指标的模拟效果。采用其数值试验对所建模型进行考察，首先可论证模型的表现力，其次也可同时与几种国际上广受承认的数值模式进行对比，具有一定代表意义。

数值试验地形采用均匀坡度的平直岸滩，底坡选取 1∶50。离岸方向 220m 处设置一个顺岸防波堤（或人工岛屿），堤长 300m，宽度为 40m；波浪自 −12m 等深线正向入射，波高 2.0m，周期设为 8.0s。数值模拟输入参数见表 3-8。

Nicholson 试验数值模拟输入参数 表 3-8

水平步长(m)	垂向层数	时间步长(s)	b	λ
20.0	$\sigma=6$	3.0	0.001	0.40

由于地形和波浪数据均严格对称，为节省绘图空间，文中仅给出对称的模拟结果，其中对波浪的模拟采用基于抛物近似的缓坡方程模式，所得波浪场与文献中的各家模型量值和分布规律基本一致。计算波浪场、水位场与垂线平均流场见图 3-22a）～图 3-22c）。根据比较，模拟所得的堤后流场特征与文献[178]中的各家数学模拟结果形式基本一致，无论是水位、流速量级和环流范围均达到很好的相关性（为节省篇幅，原图不再重复给出），从而认为所建模式可以很好的模拟这一物理现象。

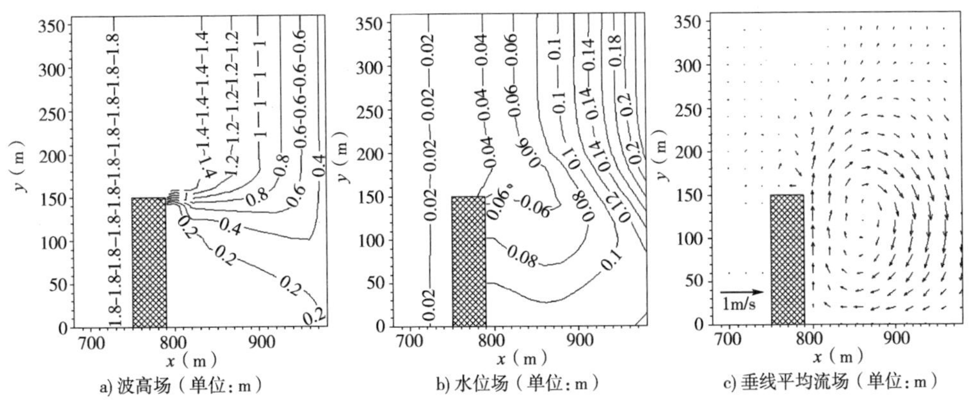

图 3-22 计算波浪场、水位场与流场示意。图中阴影区域代表堤身

通过以上对各种经典波生流现象的模拟和验证，表明所建波流耦合模式可以很好地刻画几种经典的波生流态，经大量波浪水槽实测资料验证，显示经典 2DV 模式中底部离岸流的垂向分布、准 3D 模式中沿岸流及其垂线分布以及 2DH 条件下的裂流和堤后环流平面分布，均可与实测数据或文献资料达到良好的一致性，证明了所建模式的可靠性和稳定性。

3.5 模式分析与参数讨论

数学模型通过建立平衡方程组对物理现象进行描述,从而方程中的每一项均有明确的物理含义。从理论角度分析,波生近岸流的主要驱动力是波生时均动量的各向梯度,只要梯度存在,便驱动该方向相应的水体净流动。

尽管如此,作为通用的数值模式,模式中的输入参数往往决定了所模拟变量的量值和分布。从以上各算例中可以注意到,在不同试验中,方程对应各参数并不完全相同,在不同输入条件下,率定所得参数存在差异。实际上,在任何数值模拟中,参数率定是必不可少的过程。这就需要待定参数首先具有一定的可调性和敏感性,以适应更多边界和输入条件的协调,保证模型的通用性。然而,方程参数应存在一定范围,在利用模型模拟不同工况时,尤其在缺少实测资料的实际海洋中,其合理取值尤为重要。不考虑参数物理涵义而仅面向结果的调试参数是一种不可取的"数值游戏"。从而,每当我们建立一个数值模式后,不应仅仅停留在模拟结果与实测值定性符合的层面上,而应对主要输入参数的意义和数值进行全面、深入分析和讨论。所得结论才可能对实际应用提供切实的指导。

所谓参数分析,其本质就是分析不同参数项对求解结果的贡献程度,包括其物理意义、推荐范围及其敏感性。经过合理的分析与讨论,首先可以定性、定量的把握控制方程中各输入项的物理含义,能够进一步测试模式的合理性;其次可使我们对一个数值模式有更加深刻的了解,方便调试,因此十分必要。

潮流运动模式已得到极为广泛的应用,并已被国内外研究者所认可。而在波生流模式中,由于垂向剩余动量公式尚不成熟,且由波浪引起其他附加动量项的影响方式,特别是引入的破波水滚、波生紊动等在当前研究中仍缺乏系统的分析,因此,以下将着重阐述。

3.5.1 水滚传递率分析

水滚传递率 α 表征了波浪破碎后表面水滚对波生动量的贡献程度,其影响仅存在于破波条件下,且取值应在 0.0 ~ 1.0 之间。随水滚传递率增大,水滚动量的作用将变强。为评价这一参数的影响程度和规律,分别对 $\alpha=0.0$,$\alpha=0.5$ 和 $\alpha=1.0$ 三种工况进行计算,其他模型输入参数见表 3-9,并保持不变。

水滚传递率分析时计算参数 表 3-9

b	ρ_R (kg/m^3)	λ
0.001	800	0.10

为更加清晰地表征这一现象，图3-23中以Ting-Kirby算例对水滚应力的沿程分布进行考察。当波浪破碎后，破波带内的波浪时均动量由两部分组成：首先是剩余动量M_{ij}，其次是水滚动量R_{ij}。M_{ij}仅由波浪参数决定，因此可视为定值，而当α增大时，破波带内R_{ij}项增大，而破波点外侧由于波浪未破碎而$R_{ij}=0$。这就使得波生动量$M_{ij}+R_{ij}$的最大值出现在破波带以内。图3-23中显示，当$\alpha=0.0$时，水滚动量消失，从而决定波生流分布的动力仅为M_{ij}，应力峰值点和破波点重合；而随α增大，$M_{ij}+R_{ij}$最大值位置进一步离开破波点而向岸推移。这一结论与Svendsen[81]和Goda[88]的研究成果相吻合。

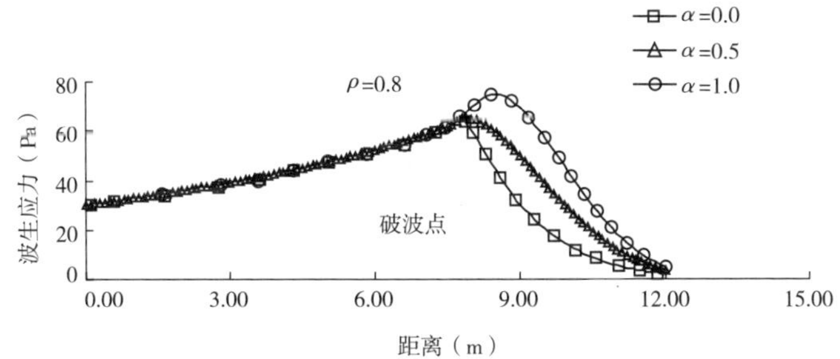

图3-23 水滚传递率α对波生动量影响规律分析（Ting-Kirby算例）

为详细论证α对波生流场的影响程度，采用CROSSTEX底部离岸流试验与Visser沿岸流试验进行对比，分别见图3-24和图3-25。针对离岸流算例，显示随水滚传递率α的增加，最大减水点位置向破波带内延伸，并且底部离岸流的数值略有增大。通过理论分析，由于水滚形成的动量梯度集中在近表层水体，表层的水平动量梯度随α增大而递增，表层动量梯度的增加必然使得破波带内表层向岸流速增大，从而引起底部补偿回流的流速也相应提高，以满足垂线积分为零的数理要求，因此在理论上是和谐的，也与Svendsen等人[170]的研究结论类似。

针对沿岸流算例（图3-24），可以看出随α增大，沿岸流峰值位置也相应向岸推移，且峰值流速有增大的趋势，其垂直岸线方向的流速沿程梯度也更加陡峭。这一结论和Goda[88]文中对水滚传递率的分析相一致。

根据上述分析，在描述破波带内水体运动的时候，必须考虑表面水滚的作用，其可以有效地模拟出减水位置和沿岸流峰值的向岸推移现象，也可以更好地拟合底部离岸流强度。值得注意的是，由于表面水滚的形成机理是波浪破碎，从而在波浪未破碎的区域，可不考虑水滚作用。

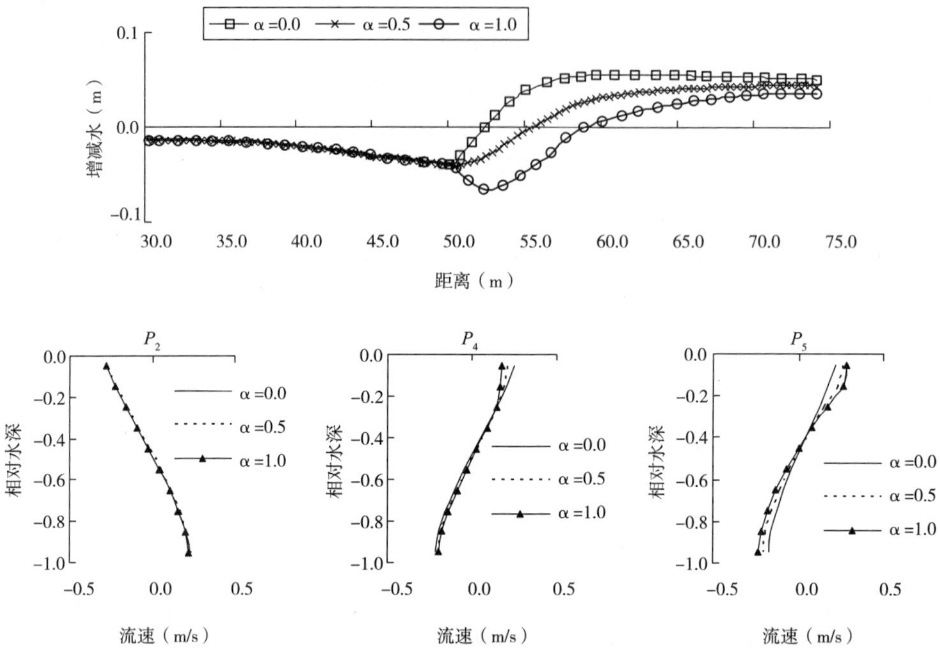

图 3-24　水滚传递率 α 参数敏感性(CROSSTEX)

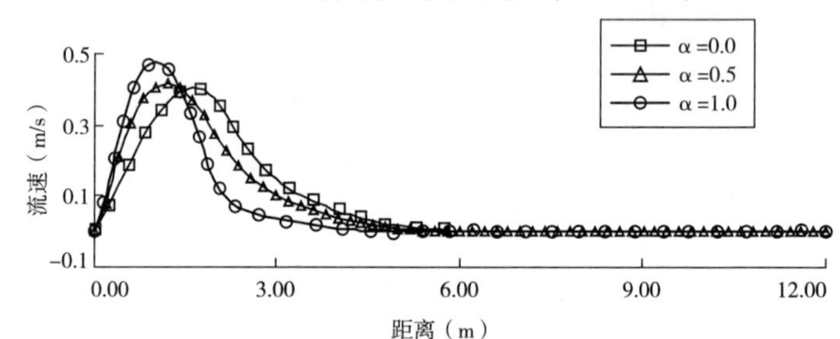

图 3-25　水滚传递率 α 参数敏感性(Visser6 号)

3.5.2　水滚密度分析

对水滚体密度的影响规律作相似分析，分别计算 $\rho_R = 1000\text{kg/m}^3$，$\rho_R = 800\text{kg/m}^3$ 和 $\rho_R = 600\text{kg/m}^3$ 三种工况，结果和比较可见图 3-26 ~ 图 3-28。由图可见，ρ_R 对波生动量分布和流态的影响和水滚传递率 α 有相似性，随着水滚体密度的降低，波生应力的峰值、最大减水位置、沿岸流峰值等均远离实际破波点而向岸推移。总的来说，水滚体密度 ρ_R 对波生流态的影响程度较水滚传递率 α 为低。

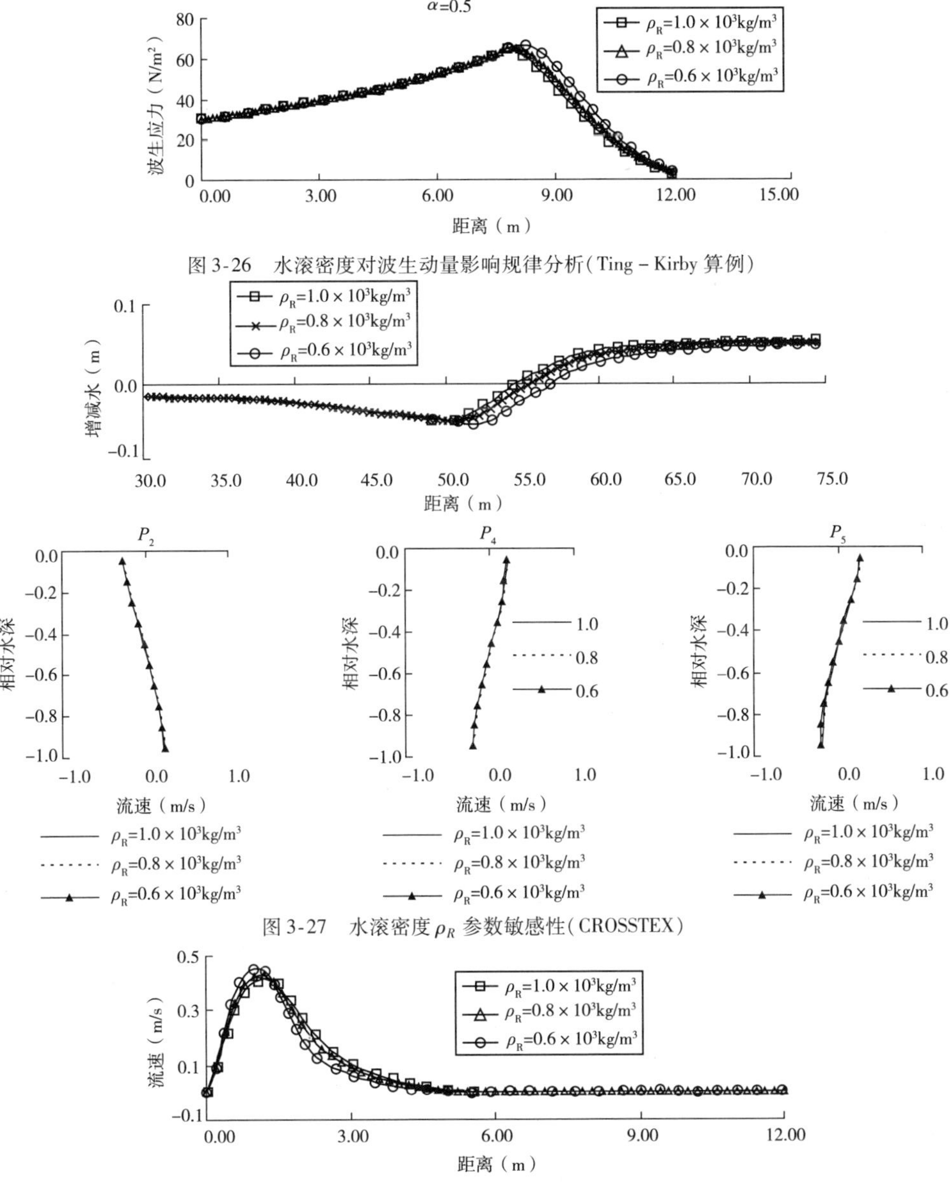

图 3-26 水滚密度对波生动量影响规律分析（Ting - Kirby 算例）

图 3-27 水滚密度 ρ_R 参数敏感性（CROSSTEX）

图 3-28 水滚密度 ρ_R 参数敏感性（Visser6 号）

3.5.3 波生垂向掺混效应分析

决定波生流态基本形式的最基本动力为时均剩余动量流。然而，在实际波浪运动中，由于质点的往复振荡，将会形成与紊流类似的特征，使得流场掺混增强。这种附加掺混（或称粘性）将会改变垂向流速结构，因此不容忽视。此外，Haas 和 Warner[177]在模拟底部离岸流现象时，亦指出垂向掺混效应对垂向流速结构有很大影响。在文中引入的垂向掺混表达式中［见方程(2-51)］，存在一个待定系数 b。王尚毅[93]推荐 b 值在 0.0025 左右。为深入调查这一系数的影响规律，取 $b=0.01$，$b=0.001$ 和 $b=0.0001$ 三个组次进行研究。采用 CROSSTEX 离岸流和 Visser 沿岸流 4 号算例垂向分布数据进行讨论，模型输入参数见表 3-10，结果见图 3-29 和图 3-30。

数学模型计算参数　　　表 3-10

b	α	ρ_R(kg/m³)	λ
0.001	0.50	1000	0.20

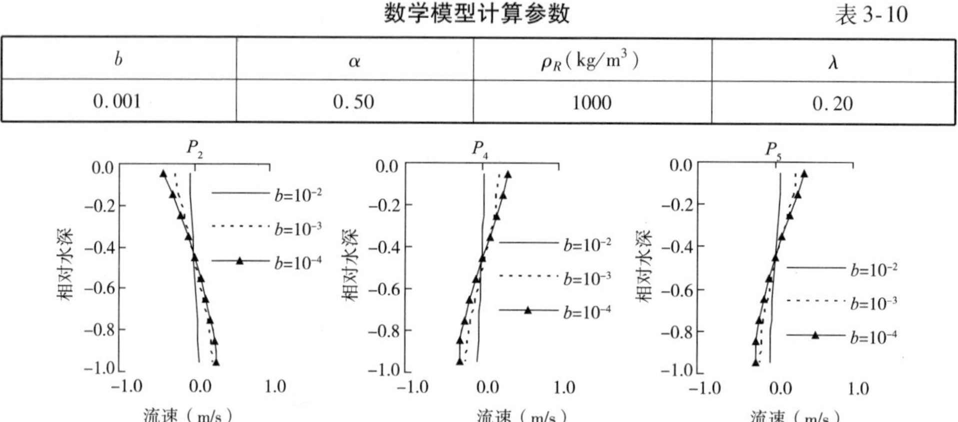

图 3-29　波生垂向掺混系数 b 参数分析（CROSSTEX）

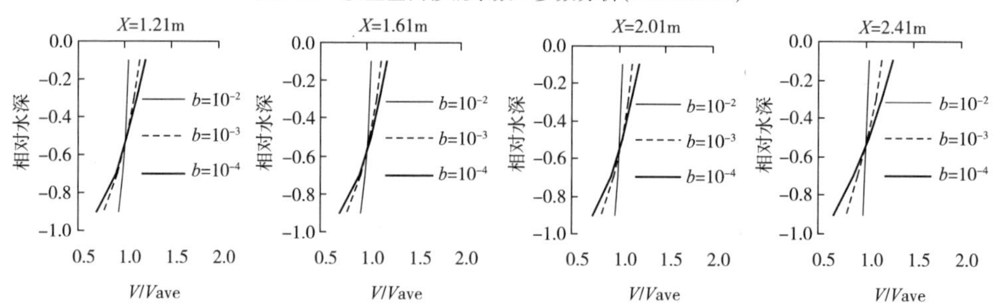

图 3-30　波生垂向掺混系数 b 参数分析（Visser4 号）

从理论上分析，垂向的流速结构受两个主要因素制约：(1)波生动量在垂线各分层的水平梯度；(2)垂向紊动掺混强度。改变 b，实际上就是改变了垂向的紊动效应，当紊动效应较强时，上下层水体的掺混剧烈，垂向流速有均匀化的趋势。图中反映，当 b 值增加时，正向入射时垂向的环流结构被削弱，流速垂线梯度显著降低；同时，沿岸流的垂线分布也变得更加均匀，反之亦然。以上结论表明垂向掺混系数 b 在波流耦合模拟中是一个敏感参数，在计算时需要慎重取值。

3.5.4 波生水平掺混效应分析

与垂向掺混效应类似,波浪水质点运动也会带来水平方向的动量交换,特别是在浅水区域,波浪质点侧向振幅超过垂向,这一效应不容忽略。在式(2-55)对 Larson - Kraus 公式的改进中,引入一个可调系数 λ 以评价水平掺混的程度。为了进一步讨论,采用以平面分布形式为主的 Visser 沿岸流和 UKCRF 裂流算例进行说明。在 Visser 试验计算中选择 $\lambda=0.0$,$\lambda=0.5$ 与 $\lambda=5.0$ 三个组次;*UKCRF* 试验中选用 $\lambda=0.2$,$\lambda=0.5$ 与 $\lambda=5.0$ 三个组次。模拟结果分别见图 3-31 ~ 图 3-33。

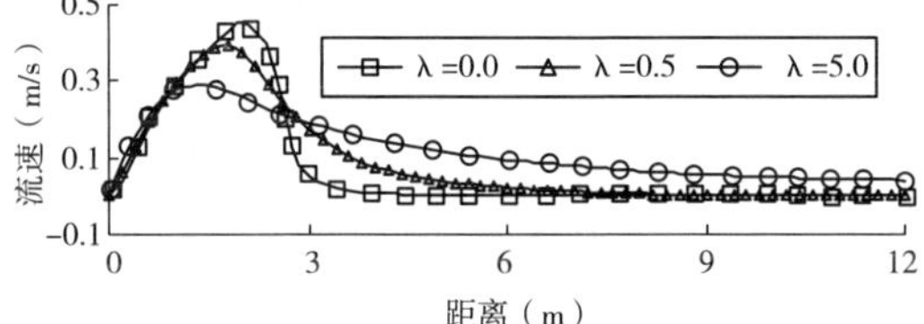

图 3-31 波生水平掺混系数 λ 参数分析(Visser4 号)

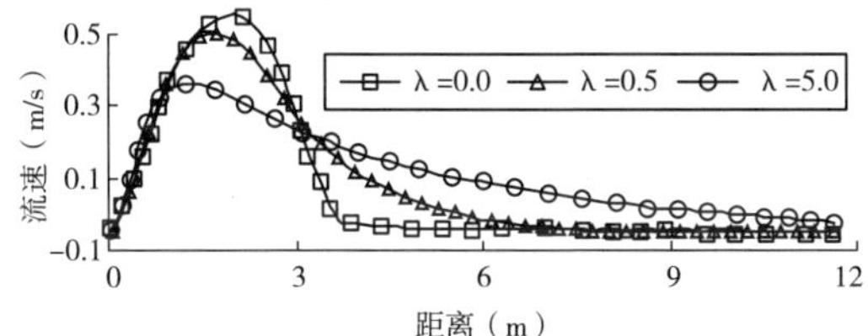

图 3-32 波生水平掺混系数 λ 参数分析(Visser6 号)

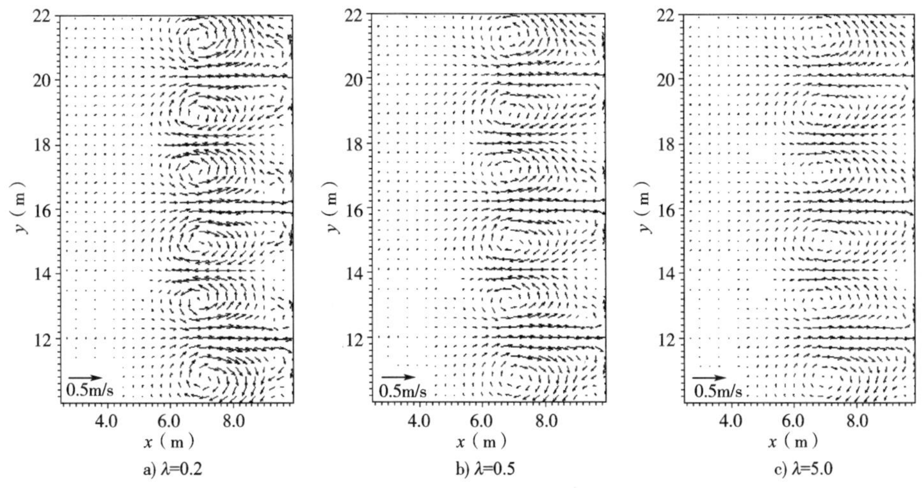

图 3-33 波生水平掺混系数 λ 参数分析(UKCRF)

当 $\lambda=0.0$ 时,不存在水平掺混效应,水平流速场仅由波生动量平面梯度决定。由于浅水区域波浪动量变化剧烈,从而流速梯度很大,至深水区域,波生动量平面梯度微弱,因此流速很低。随着 λ 的增加,波浪引起的水平掺混效应加强,体现在沿岸流流速分布在沿程变得均匀,流速峰值下降;而地形裂流的环流结构发展的强度也逐渐被抹平。当 $\lambda=5.0$ 时,沿岸流的沿程梯度已经相当均匀,裂流沟的强离岸现象也基本消失。以上敏感性结论和 Goda[88] 对波生水平紊动效应的研究相符合。明显的,这一系数也相当敏感,并不能忽略,对其取值应加以论证。

3.5.5 参数取值讨论

实际上,在浅水区域,强烈的非线性效应使得波生动量的垂线分布并非严格符合文中的垂向应力公式,同时破波的波面形状也以椭圆余弦波为主,与理论推导中假设的正弦波型也有较大差距,因此在静水面的确定上也存在区别。基于线性波假设的波生动量公式与实际条件必然存在一定的差异。这就提示我们在应用所建模式计算近岸流场时,必须避免模型参数按照某一个特定算例数据对参数进行"人为贴合"的作法,而应在大量算例的测试和分析中寻找共性,对参数进行充分评价,给出推荐范围。只有这样,模式的通用性才能得到最大程度上的保证。

在波流耦合模式中,所引入的主要待定系数为水滚传递率 α、水滚体密度 ρ_R、波生垂向掺混系数 b 与水平掺混系数 λ。

水滚传递率 α 与水滚体密度 ρ_R 物理含义明确,其中 α 取值必然在 0.0 ~ 1.0 之间,ρ_R 应小于水体密度。根据以上对这两个参数的分析,α 较 ρ_R 更加敏感,其取值大致介于 0.3 ~ 0.6 之间,而 ρ_R 取 800 ~ 900kg/m^3 较为合适。

在流速垂向结构的模拟中,b 值在一定程度上控制了垂向环流的发展强度,同时也决定沿岸流的垂线分布梯度,无疑极为重要。然而 b 缺少明确的物理背景,从而是一个率定参数,经验性很强。如果按照单个算例对 b 分别率定会导致其取值甚至不在同一个量级上的尴尬处境。例如在 Visser 试验中,沿岸流的垂线分布十分均匀,在破波点附近的垂向梯度甚至已接近 1.0,如取 $b=0.01$ 时似可更好的描述这一现象(见图 3-33)。但是,同样的 b 如在底部离岸流的模拟中便将使环流结构接近消失(见图 3-32)。这就带来对 b 取值的一个矛盾。王尚毅[93] 根据苏联学者的试验,推荐 b 值在 0.0025 左右,而根据以上多个波生流算例的分析,取 $b=0.001$ 似能够较好地拟合各个算例的实测值。这一取值与其推荐量级保持一致,可视为合理。

水平掺混系数 λ 是另一个需要率定的经验参数,其控制了平面波生流的分布,在流速梯度较大的区域尤其需要谨慎取值,否则容易形成过于突兀或过于平滑的流场,特别是针对存在平面环流的算例。根据 Visser 沿岸流算例、Borthwick – Foote 地形裂流算例与 Nicholson 数值算例的验证分析,λ 取值在 0.2 ~ 0.5 之间较为合理。这与 Larson – Kraus 公式初始形式中的推荐范围 0.3 ~ 0.5 基本一致,从而印证了研究的合理性。

表 3-11 中给出了各参数的推荐范围,为模拟者提供参考。当然,如有更多实测数据支持,参数的有效性也可以得到更多检验。

波流耦合模式主要率定参数推荐取值　　表 3-11

α	ρ_R (kg/m^3)	b	λ
0.30 ~ 0.60	800 ~ 900	0.001	0.2 ~ 0.50

一般来说,也应对泥沙模块的表现力进行论证和测试。然而,这一工作实际上已被 ECOMSED 的开发组 HydroQual 公司所完成。此外,国内亦有许多科研工作者对这一模式进行了大量、多角度的测试,例如姜尚[179]对比测试了 ECOMSED 模式与 Rouse 解析解下的含沙量垂向分布与;陈斌[180]也论证了冲刷通量和絮凝沉速公式中系数的影响规律和敏感性,同时也将 ECOMSED 所模拟垂向流态结构与另一个广泛应用的海洋模式 ROMS 进行对比,得到的结论均证明了泥沙模式在描述粘性泥沙运动问题的适定性。鉴于以上原因,不再对这一工作重复进行。

3.6 小结

在本章中,广泛收集了关于波生流现象的试验数据,包括底部离岸流、沿岸流、裂流和堤后环流等,并对所建模式进行全面测试。此外,也对模式中的各物理项,包括破波水滚以及波生紊动效应等进行详尽的评价,并据此对模式中的参数取值进行了讨论和敏感性分析,得到以下主要结论:

(1)通过大量试验数据验证,表明所建波流耦合模式可很好地模拟各种常见的波生流态,与试验数据相比,无论从量级还是分布规律上均达到令人满意的一致性,可有效描述波浪增减水、底部离岸流的垂线分布和流态、沿岸流的平面分布和垂向梯度,以及裂流与堤后环流的流态。

(2)存在破碎波时,表面水滚的效应必须考虑。其可有效解决波浪增减水的折点位置与沿岸流峰值向岸线推移的现象。随水滚传递率 α 的增大或水滚体密度 ρ_R 的减小,折点和峰值位置将更加趋向岸边。

(3)波浪引起的紊动掺混对波生流态和分布具有影响。加大垂向紊动掺混系数 b,波生流场的垂向分布将趋于均匀;加大水平紊动掺混系数 λ,将使得波生流的平面分布变得均匀。

(4)根据实验数据综合考虑,给出了波流耦合模拟中计算参数的推荐取值。其中建议水滚传递率 α 取值在 0.30 ~ 0.60;水滚体密度 ρ_R 在 800 ~ 900kg/m^3 之间;垂向紊动掺混系数 b 建议取值 0.001;水平紊动掺混系数 λ 取值在 0.2 ~ 0.5 之间。

本章主要创新点为:

全面评价了所建波流耦合模式中各物理项的影响规律及参数的敏感性。通过理论分析结合水槽算例模拟,论证了破波水滚、波生水平、垂向紊动的物理机制与意义,并推荐了参数的取值范围,可为缺乏资料条件下的模拟提供依据。

4 连云港地区水沙条件概况

淤泥质海岸是我国海岸中的重要形式。根据1.4节中的综述，淤泥质海岸泥沙颗粒细小，富有粘性，底层泥沙在波浪、潮流引起的剪切力下起动进入上层水体，运动形式以悬移质为主，此外也存在絮凝、浮泥等独特现象。淤泥质海岸由于泥沙运动活跃，成为工程泥沙研究中的重要课题。我国当前许多重要港口位于淤泥质海岸，随着浅水深用宏观战略的实施，许多已建港口也纷纷向大型化发展，产生众多工程问题。因此，全面把握淤泥质海岸的潮流、波浪、泥沙运动规律不仅是学科发展的需要，也是工程建设的基本依据，从而十分必要。

连云港是我国江苏重要港口，位于典型的淤泥质海岸。在港口初建时期，由于对淤泥质海岸水沙运动机制了解尚浅，港口发展相对停滞。围绕建港的迫切要求，20世纪80年代许多学者进行了大量研究工作，围绕岸滩演变[181-183]、潮汐与潮流运动[184,185]、波浪传播[186-189]，泥沙力学特性[131,190,191]、含沙量分布特征[192,193]等，取得了丰富成果，论证了淤泥质海岸建港的技术可行性，为我国海港发展提供了宝贵理论依据。当前，为了配合国家宏观产业布局，连云港地区正在筹建30万吨级航道大型工程，其作为江苏省海港建设中的头号工程，具有重大战略意义。由于港口建设规模较大，近岸水深无法满足要求，港池与进港航道需自 -3 ~ -5m 浅滩直接浚深至超过 -20m 底标高。基于以上原因，近年来许多科研单位围绕连云港地区水沙问题进行了新一轮研究[194-203]，并积攒了大量潮流、波浪、泥沙运动相关实测资料[204-208]。

应该讲，作为一种独立的海岸分类，不同地区的淤泥质海岸之间亦存在共性，可相互辨证与推广。因此，如以连云港地区作为范例开展相关研究工作，可为淤泥质海岸建设大型港口提供有力的科学依据，其理论意义和工程意义均十分显著。本章中根据以往研究成果，对连云港地区的水沙运动特征进行描述，为后续章节中的研究提供铺垫。

4.1 地理位置

连云港地处江苏省东北部，位于黄海中部沿海、紧靠海州湾南岸，地理坐标为北纬 34°44′32″,东经 199°27′28″,地形示意见图 4-1。20 世纪 60 年代,大西山处建设了一个永久海洋站,建站以来对波浪、潮流和含沙量等主要水沙条件进行了持续测量,积攒了大量基础数据。20 世纪 70 年代在连云港主港区南侧的羊山岛亦进行了时间较长的含沙量观测。此外,随着连云港港口规模的不断扩大,近年来中国交通建设集团上海航道勘察设计研究院有限公司及长江水利委员会长江下游水文水资源勘测局等单位对连云港海域地形进行了多次外业勘探及水文测量。根据蒋建平和常太平[204]2005 年 9 月的大范围水深测量,绘地形等深线于图 4-1 中,图中高程为当地理论基面下,与平均海水面的高程转换关系为:理论基面高程 = 平均海水面 +2.94m。

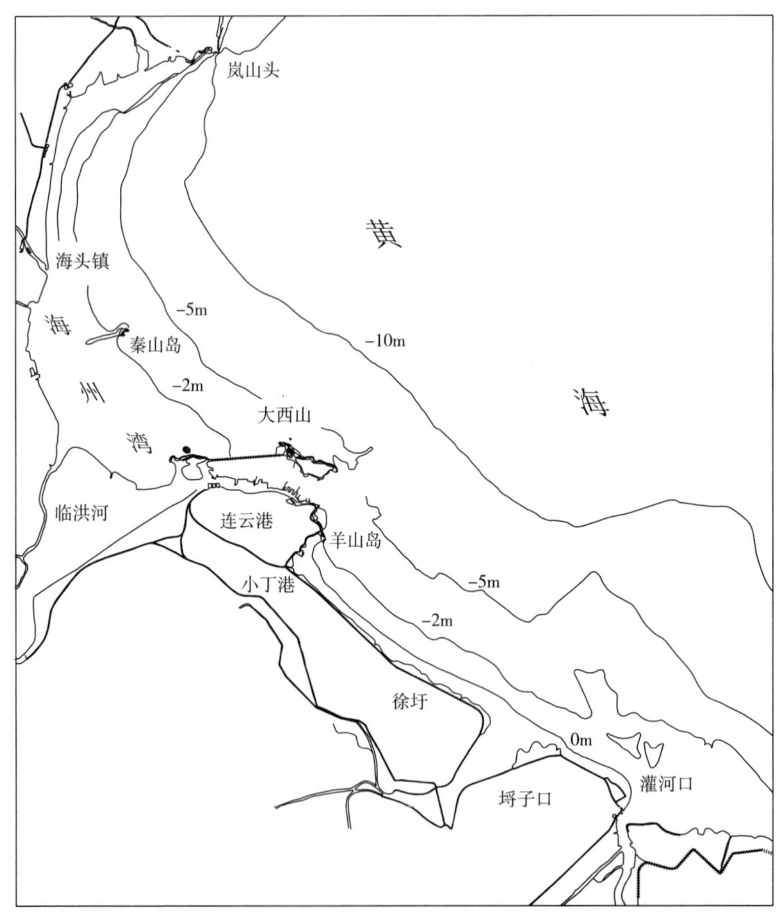

图 4-1　连云港地理区位及地形图

观察图 4-1 中地形,显示连云港海域地形平缓,等深线过渡较为均匀,且与岸线接近平行。值得注意的是,埒子口外存在一个探向外海、类似沙嘴的形态,这一地形将对波浪、波生流的传播造成影响,将在以下章节中着重讨论。

4.2 水动力特征

4.2.1 潮汐与潮流

连云港海域潮汐受南黄海驻波系统控制,无潮点位于东南部外海 34°N,122°E 附近,海州湾湾顶为潮波波腹所在区。根据大西山资料统计,潮汐指标类型为 0.30,属正规半日潮,每个潮汐日内出现两次高潮和两次低潮,日潮不等现象不显著,多年平均潮差为 3.33m。

外海潮流受 M_2 分潮控制,呈旋转流态,但同时受近岸地形影响,各区域表现出不同的流态特征,以下结合 2005 年 9 月 4 日至 9 月 9 日大、中潮水文测验资料对潮流场特征作简要分析,图 4-2 中根据实测数据绘制了大潮潮流椭圆矢量图,经分析,中潮潮流分布形态与大潮类似,得到以下主要结论:

(1)海州湾内及近岸受地形作用明显,潮流椭圆的长短轴差别较大,海州湾北侧有明显的长短轴,呈一定的往复流特征,涨潮流向为 SW 向,落潮流向为 NE 向,如 1 号,湾顶往复流特征稍差。

(2)外海流场为旋转流,潮流椭圆长短轴相近,如 6 号;小丁港以南近岸流向呈顺岸方向,外侧为旋转流,如 8 号;11 号由于地处灌河口,其流速流向与河口的径流及潮量有关。

(3)海州湾的潮流动力相对较弱,湾顶(1 ~5 号)附近大、中潮涨潮垂线平均流速为 0.28 ~0.60m/s,落潮垂线平均流速为 0.31 ~0.45m/s,大、中潮涨落潮垂线平均流速差异不大。

(4)除灌河口外,连云港以南水域的涨潮垂线平均流速(7 ~10 号)为 0.42 ~0.64m/s,落潮垂线平均流速 0.32 ~0.51m/s。大、中潮流速相近。

(5)海州湾的涨潮流过程为南部先于北部。位于南部的 5 号落潮流转为涨潮流的时刻比位于北部的 1 号提前 1 ~2h;落潮流也是南部先于北部。

(6)海州湾海域涨落潮历时不等,落潮流历时大于涨潮流历时,海头镇附近大潮平均涨、落潮流历时分别为 5h15min、6h57min;连云港平均涨、落潮流历时分别为 6h5min、6h42min,两者相近。

4.2.2 波浪传播

根据马兴华和金雪英[205]对大西山站 1962—2003 年实测波浪资料的统计,累年平均波高为0.5m左右。常浪向为偏NE向，强浪向为NNE向，其中NNE向1.5m以上的波高出现频率为2.13%，NE向出现频率次之，为1.79%。根据波型累年分布频率，连云港海域波浪以风浪为主，占到63%的比重；涌浪为主的混合浪次之，占28%，其中秋、冬季波高略大于春、夏季。累年各向$H_{1/10}$平均值以NNE向为最大，其中NNW、N、NNE向均为0.9m，WSW、W向最小，均为0.3m，SSW向极少出现。累年$H_{1/10}$最大波高为5.0m，NNE向，出现于1998年12月1日17时。$H_{1/10}\leq1.0$m的频率为84.5%，$H_{1/10}\geq1.5$m频率为5.2%。详细波浪分级信息见表4-1。

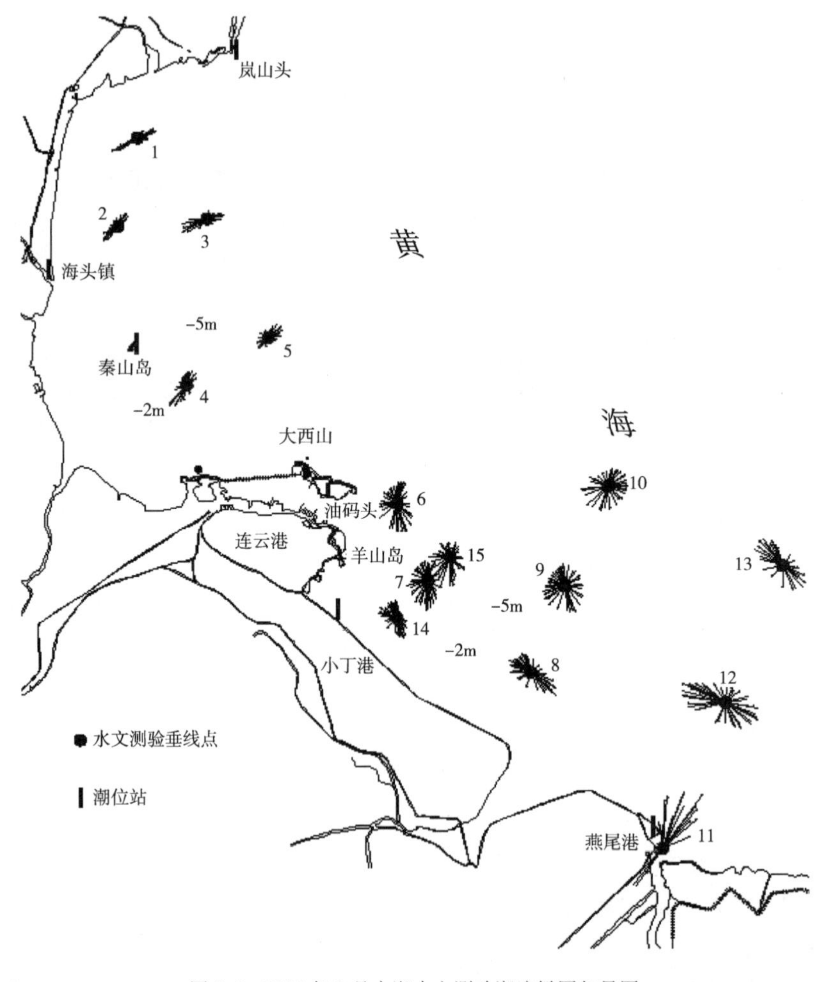

图4-2　2005年9月大潮水文测验潮流椭圆矢量图

大西山海洋站波高分布频率 表4-1

$H_{1/10}$ (%)	0～0.5m	0.6～1.0m	1.1～1.5m	1.6～2.0m	2.1～2.5m	2.6～3.0m	3.1～3.5m	3.6～4.0m	≥4.1m	合计
N	1.361	1.399	0.967	0.471	0.162	0.032	0.004		0.002	4.40
NNE	4.876	5.681	3.43	1.476	0.475	0.144	0.014	0.01	0.006	16.11
NE	12.079	8.989	3.555	1.278	0.376	0.103	0.02	0.01	0.002	26.41
ENE	5.143	2.995	0.855	0.247	0.053	0.02	0.004	0.004		9.32
E	13.22	4.524	0.586	0.055	0.014	0.004				18.40
ESE	3.739	1.438	0.142	0.016	0.002					5.34
SE	0.136	0.038	0.008							0.18
SSE	0.01	0.006								0.02
S	0.016	0.01								0.03
SSW	0									0.00
SW	0.051	0.014								0.07
WSW	0.089	0.004								0.09
W	12.215	1.531	0.044	0.002						13.79
WNW	1.509	0.607	0.071	0.004	0.002					2.19
NW	0.894	0.811	0.249	0.038	0.01	0.004	0.002			2.01
NNW	0.447	0.682	0.374	0.131	0.01	0.002				1.65
合 计	55.786	28.729	10.281	3.717	1.104	0.309	0.044	0.022	0.01	100.00

4.3 岸滩与泥沙特性

4.3.1 地貌特征

根据文献[181－183]的研究，连云港地貌形成于公元1128—1855年间黄河在江苏北部夺淮入海时期，是旧废黄河三角洲的组成部分。自1855年黄河北归山东后，由于巨量入海泥沙的骤然枯竭，原强烈淤涨的三角洲海岸在海洋动力作用下侵蚀后退，岸滩侵蚀物质在潮流作用下大部分向外海扩散，部分则随沿岸潮流方向，由南而北做往复运移，逐渐归宿于海州湾湾顶淤积，从而构成连云港南部侵蚀型岸滩和北部淤积型岸滩并存的格局，见图4-3。由于来自南部岸滩侵蚀的泥沙日益减少,海床冲淤已渐趋平衡,自然冲淤变幅趋于减小。整个海区海床冲淤环境处于泥沙来源减少,冲淤相对平衡,局部略有冲刷的状态。

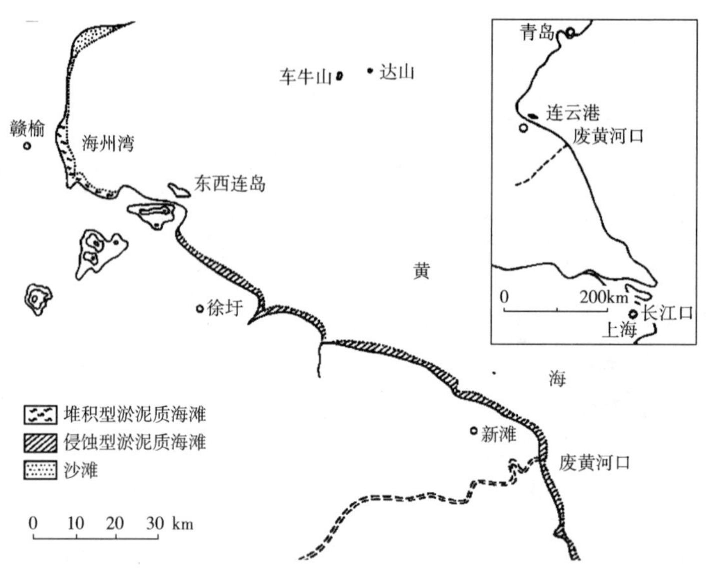

图4-3 连云港地区岸滩类型分布示意图

由于在岸滩沉积物和滩地地貌上存在的差异,如南部侵蚀型岸滩早期黄河沉积老淤泥的暴露和表层粉细砂($d_{50}=0.05\sim0.15$mm)粗化层的覆盖,地形坡度<1/500;而北部海州湾湾顶堆积型岸滩表层为新成沉积的粉砂质淤泥($d_{50}=0.00002\sim0.004$mm),滩坡十分平缓,可达到1/1000~1/2000。

应指出,淤泥质海岸较缓的岸滩坡度形态对潮流、波浪的运动有一定影响。由于大范围地形变化平顺,不存在过渡突兀的滩、槽,从而潮流运动过程中,垂向流速很弱,大范围海域以二维特征为主,垂向分层间流速过渡均匀。

与此同时,与沙质海岸不同,淤泥质海岸的岸滩形态也使得波浪在传播中呈现出独特的特征。经对比分析,沙质海岸由于岸坡陡峭,通常在1/100以内[209],床面泥沙较为密实、接近刚性,因此波浪在外海传播中衰减率很低,可视为不变,而至近岸时受浅水变形影响,波高增大,并在浅滩处破碎,形成清晰的破波线或破波点;而淤泥质海岸底床泥沙存在流变性(例如浮泥、泥沙过渡带等),根据文献[210-212]中的研究结论,波浪在淤泥质底床传播时能量向近岸持续损耗,波高沿程不断衰减,此外也由于地形平缓,从而最后形成一个较为宽广的破波带。根据王宝灿等人[181]的研究,连云港地区破波带位置大致处在-3m至-5m等深线附近(当地理

论基面)。

4.3.2 泥沙来源

针对某一海岸区域,其泥沙来源主要可分为两类:外部沙源与当地沙源。河流输沙是一个常见的外部沙源,在连云港北部,注入海州湾的河流从北到南有绣针河、朱稽河、青口河、新沭河、蔷薇河,其中新沭河与蔷薇河汇合后成为临洪河(位置见图4-1)。由于河流上游修建了水库及挡潮闸,使入海泥沙大为减少。汇入连云港南部的河流主要有灌河、烧香河、排淡河等,其中以灌河最大,洪水期间带来一定数量的泥沙经灌河排入大海。尽管如此,总的来说,如比较河流输沙量与海域面积,连云港地区河流带来的输沙量所占比重很小。

临近海岸的侵蚀来沙是另一个主要外部沙源。在海州湾北段海岸,特别是岚山头至海头岸段有侵蚀迹象,每年可向海州湾输送一定量的泥沙。另一个重要侵蚀沙源是连云港以南废黄河口三角洲岸段,这段海岸目前虽经护岸已无后退现象,但岸滩刷深,仍向连云港海域输送一定数量的泥沙。

连云港地区最为重要的沙源是当地风浪掀沙,由于海域岸滩面积宽广,底床淤泥层厚度达到几十米,且缺少有效掩护,因此底床淤泥极易在波浪、潮流的联合作用下起悬、扩散。多年来,许多研究者通过现场观测与理论研究,归纳出“当地风浪掀沙”作为连云港地区泥沙起动的主要机制。

4.3.3 泥沙运移趋势

连云港附近海域呈弓形开敞,受波浪影响明显,近岸潮流以往复流为主。各种来源的泥沙在波浪、潮流作用下表现出稳定的运动特点及运动趋势。海州湾北段岸线走向基本为NE-NNE,强波向均为偏NE向;涨潮流西向,大于落潮流。因此,该段海岸泥沙在波浪及潮流共同作用下,从东北向西南方向运移,最后沉积在海州湾的西南海域[183]。

至于连云港以南的岸滩泥沙,除一部分进入较深海区沉积,其余部分则随流运移,根据现有卫星图片(图4-4),灌河口外水域含沙浓度自东向西呈羽状放射,悬浮泥沙有从废黄河口向海州湾逐渐运移的趋势。从灌河口沙嘴向西,沉积物粒度逐渐变细,也说明泥沙有自东向西扩散的特征。此外,潮流观测资料也表明,来自连云港南部海域的含沙水

图4-4 连云港海域卫星图片

(截自 GoogleEarth)

流除少部分从连云海湾东口进入海峡外，大部分绕过口门进入海州湾，在湾顶沉积。

4.3.4 含沙量分布情况

自20世纪70年代始，国内多家科研单位在连云港开展淤泥质海岸泥沙研究工作，积攒了大量宝贵资料。根据大西山海洋站等多个站点长期统计资料（详见表4-2），连云港海域多年平均含沙量为0.16～0.24kg/m^3，其中羊山岛为0.243kg/m^3，油码头为0.157kg/m^3（均为垂线平均值）。此外，根据多次水文测量，经验显示临洪河口处含沙量年平均值大致在0.3～0.5kg/m^3；徐圩处含沙量年平均值在0.4kg/m^{3}左右；灌河口外含沙量年平均值在0.8～0.9kg/m^{3}之间。

连云港地区各站点年平均含沙量情况（单位：kg/m^3）　　表4-2

观测站点	大西山	羊山岛	油码头
年平均含沙量	0.218	0.243	0.157
统计时间	1980～1996	1975年1～12月	1990年10月～1991年9月

总的来说，连云港海域含沙量的分布具有如下特点：(1)近岸含沙量较高、外海较低；(2)涨落潮含沙量差异不明显，表明涨落潮动力作用相近；(3)一般情况下，大潮的含沙量最大，中潮次之，小潮最小；(4)正常风浪条件下，底层含沙量大于表层，但垂向梯度不明显；(5)大浪天气下，在埒子口到连云港水域－3m～－5m破波带，实测含沙量横向梯度较小，而垂向分布仅近底含沙量较高，除此之外可认为沿水深均匀分布。

4.3.5 底质分布情况

2005年9月，上海航道院利用激光粒度仪对底质做粒径分析（见图4-5），可以得知，连云港海域底质为颗粒较细的淤泥质，从底质中值粒径分布状况看，秦山岛以南至小丁港以北海域底质中值粒径的平均值小于0.01mm，其中连云港附近的底质中值粒径为0.005mm左右；从秦山岛向北至岚山港海岸的海床床沙的中值粒径逐渐变粗，平均中值粒径为0.015mm左右；小丁港以南水域，由于灌河口、埒子口及废黄河口的输沙作用，底质中值粒径从北向南有增加的趋势。

此外，注意到自浅水区域至外海，床沙中值粒径有增大趋势。这一现象也被其他现场测量所支持，表4-3中为陈德昌等人[196]统计2004年和2006年底质取样分析结果，同样显示外海颗粒较粗。

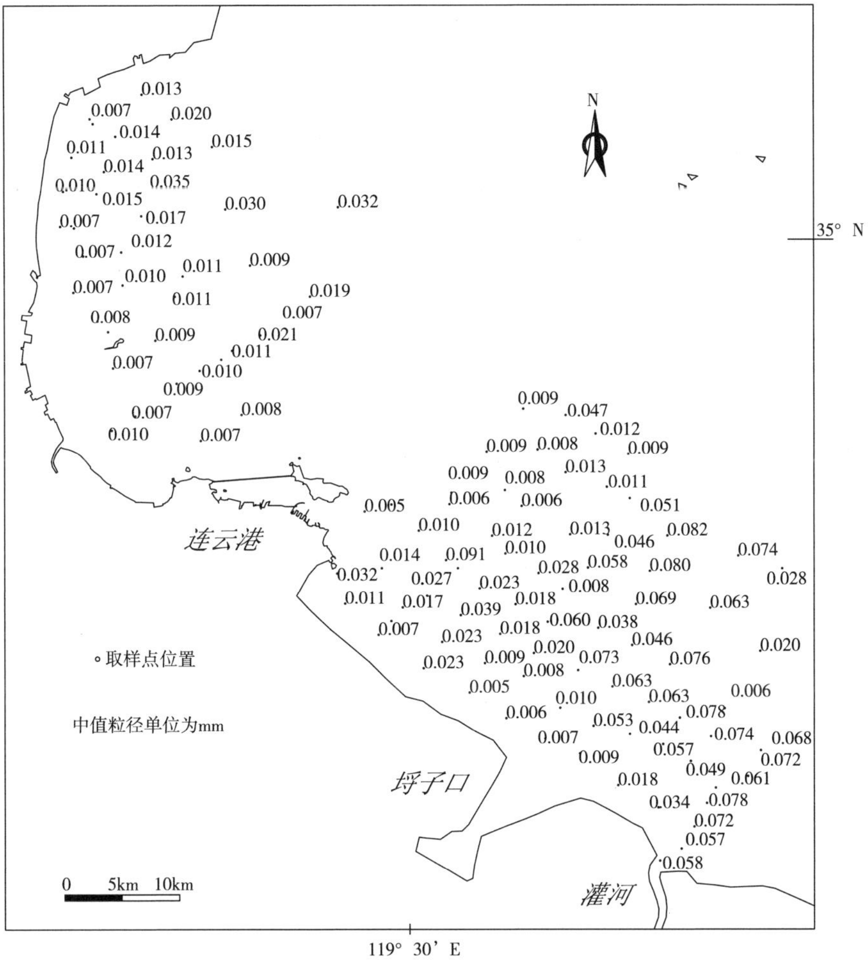

图 4-5 连云港地区底沙中值粒径示意图

底质泥沙颗分资料分析 表 4-3

水 深	2004 年 7 月测量		2006 年 11 月—12 月测量	
	<0.005mm	>0.075mm	<0.005mm	>0.075mm
0 ~ −5m	42.0%	14.0%	31.0%	14.0%
−5 ~ −10m	41.5%	14.5%	38.7%	10.2%
−10 ~ −18m	24.4%	45.6%	33.6%	24.1%
−18 ~ −20m①	—	—	8.4%	60.9%

注:①2004 年 7 月测量最大水深为 12m,取样分析采用 LS100Q1 激光粒度仪。

4.4 小结

在本章中,结合大量当地实测资料及以往科研成果,描述了连云港地区潮流运动、波浪传播、泥沙来源及运移趋势、含沙量及底质分布等水沙整体特征,得到以下主要结论:

(1)连云港地区潮汐类型为前进型驻波,外海潮流呈旋转态,至近岸由于受到岸线归束,潮流转为以往复流为主。当地强浪向为NNE向,常浪向为偏NE向;秋、冬季波高略大于春、夏季。

(2)连云港地区岸滩十分平缓,可达到1/1000~1/2000,埒子口外形成沙嘴状探出。由于地形平顺,潮流垂向流速弱,大范围海域以二维特征为主,垂向分层间流速过渡均匀。波浪在淤泥质底床传播中波高沿程持续衰减,形成宽广的破波带,大致处在-3m至-5m等深线附近。

(3)连云港海域河流输沙数量较低,泥沙来源主要为当地风浪掀沙,废黄河口侧的侵蚀来沙也是沙源之一。

(4)含沙量分布呈近岸较高、外海较低的趋势,涨落潮含沙量差异不明显。正常天气下,含沙量垂向梯度较小;大浪天气下垂向分布仅近底含沙量较高,除此之外可认为沿水深均匀分布。

(5)底质泥沙粒径外海颗粒较粗,近岸颗粒较细。连云港附近底质中值粒径为0.005mm左右,向南侧逐渐变粗,平均中值粒径为0.015mm左右。自浅水区域至外海,床沙中值粒径有增大趋势。

5 淤泥质海岸波流耦合下流场特性

在第三章中,已利用实验室水槽对所建波流耦合模式进行了充分的测试和验证,证明了模式的适定性,并分析了主要参数的影响程度和取值范围。因此,下文将在所建模式基础上,以连云港海域为例,模拟其波浪、潮流运动,据此对淤泥质海岸波流耦合下的水动力特征进行详细探讨,并分析波生流现象对当地潮流运动的影响规律和影响程度。

5.1 波浪场模拟及验证

在模型网格划分中,选择空间步长 400m × 400m,西侧边界为陆地,北边界与东边界为开边界,波浪可由外海传入计算域内。模型范围和地形示意见图 5-1。

波浪参数,包括波高、波周期和波向为波生流模式的主要输入条件,决定了波生动量梯度和水平、垂向掺混强度。因此,在计算前应首先确定各计算节点的波浪信息。连云港当地波浪传播形态以风浪为主,在大尺度海域风浪模拟中,由于外海波浪实测资料十分匮乏,因此多采用波浪传播数值模式配合近岸波浪测站实测资料进行推算及验证。马兴华和金雪英[205]曾采用大西山海洋站 1960 ~ 2003 年实测资料分析风速与波高的关系,提出当地风速与波高的关系式为

$$H_{1/10} = 0.0179v^{1.62} \qquad (5\text{-}1)$$

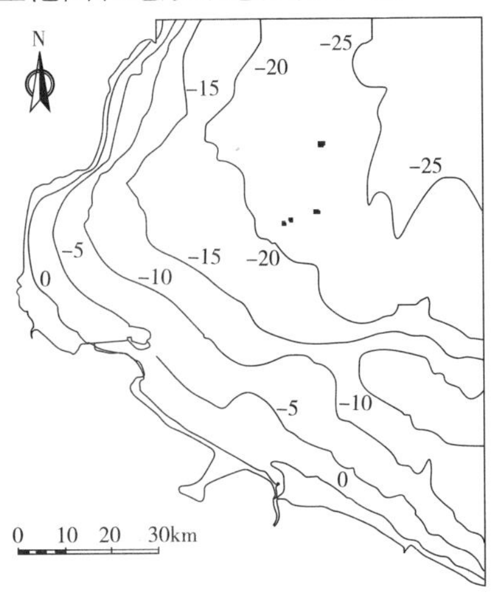

图 5-1 模型计算地形示意图

连云港风速与波高相关关系见图 5-2。

此外,根据大西山资料收集,得到连云港地区波高与平均波周期的关系,见表 5-1。随着波高的增加,对应的平均波周期也相应增大[205]。

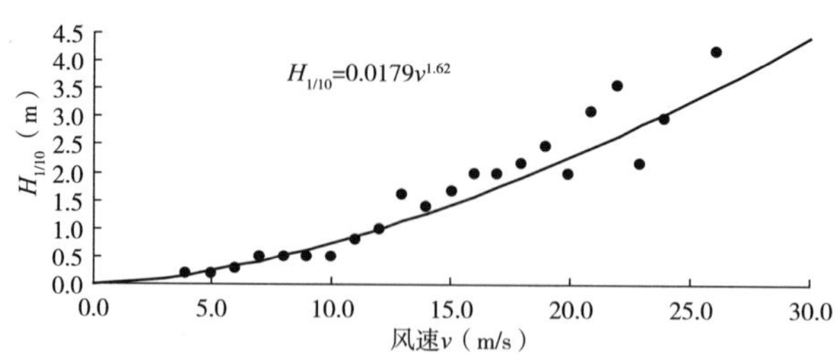

图 5-2　连云港风速与波高相关关系

连云港地区波高与平均波周期规律　　表 5-1

$H_{1/10}$(m)	5.0	4.0	3.0	2.0	1.0	0.5
T(s)	8.1	7.2	6.3	5.2	3.7	2.7

为了更好地推算不同条件下的波浪周期情况，依据表 5-1 拟线，见图 5-3，并据此计算各级风况下的波浪周期条件。

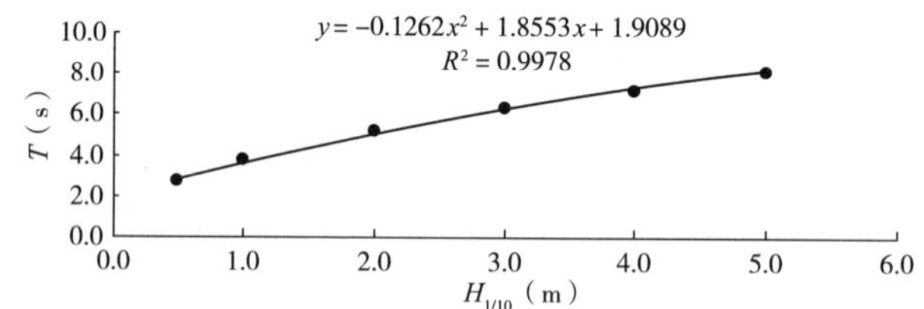

图 5-3　大西山海洋站 $H_{1/10}$ 波高与平均波周期拟合关系

在对波浪场的模拟中，水深采用静水位（近似对应平均中潮位），并选择不同风况对应下的波浪条件作为验证依据。由于常浪向为 NE，在以下对波生流的研究中以该方向作为代表。大西山波高验证见表 5-2。

各级风况条件下大西山海洋站波高验证情况　　表 5-2

波向：NE	5 级浪	6 级浪	7 级浪	8 级浪	9 级浪	10 级浪
风速（m/s）	9.4	12.3	15.5	19.0	22.6	26.5
推算 H_s(m)	0.53	0.82	1.20	1.66	2.20	2.85
模拟 H_s(m)	0.57	0.81	1.23	1.65	2.16	2.79

验证情况表明，所模拟的各级浪况条件下的波浪场情况和实测资料分析值相吻合。图 5-4 ~ 图 5-6 中以 6 级浪、8 级浪和 10 级浪 NE 向为例，给出波浪场矢量分布情况。其中，箭头方向代表波向，长度代表波高数值。整体来说，图中显示波

浪传播与地形相关。当波浪传至近岸时,在折射作用下,波向有与当地等深线平行的趋势(可与图4-1比较)。特别是在波高较大时,这种平行趋势更加明显。

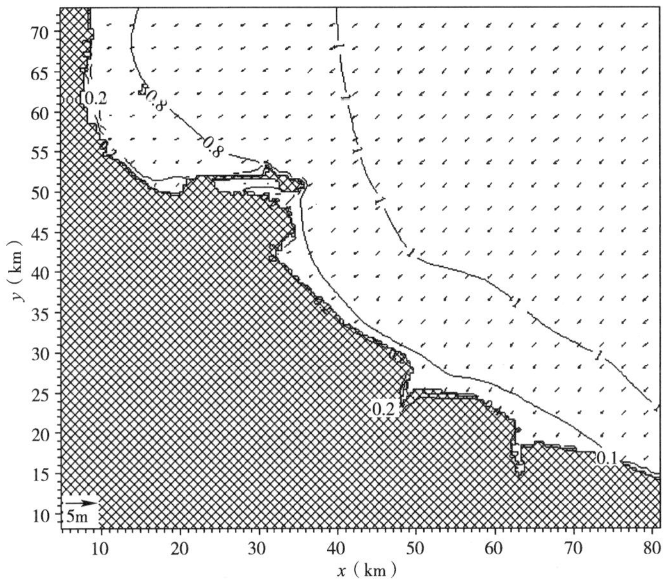

图5-4 6级浪NE向入射波高分布

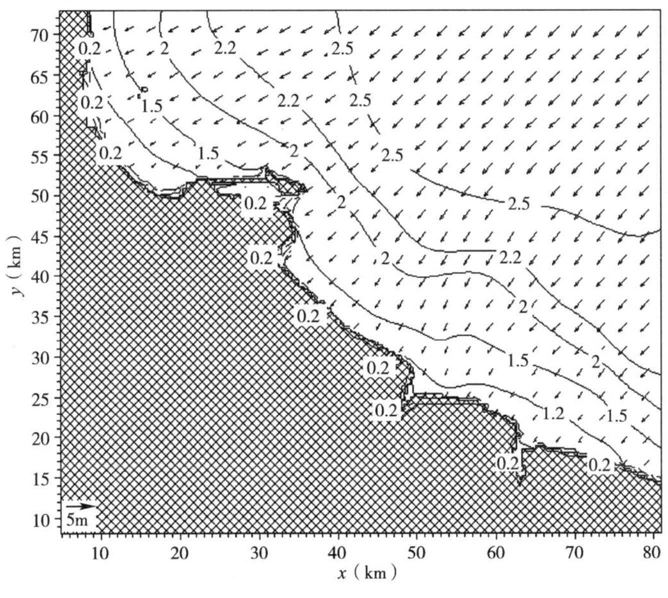

图5-5 8级浪NE向入射波高分布

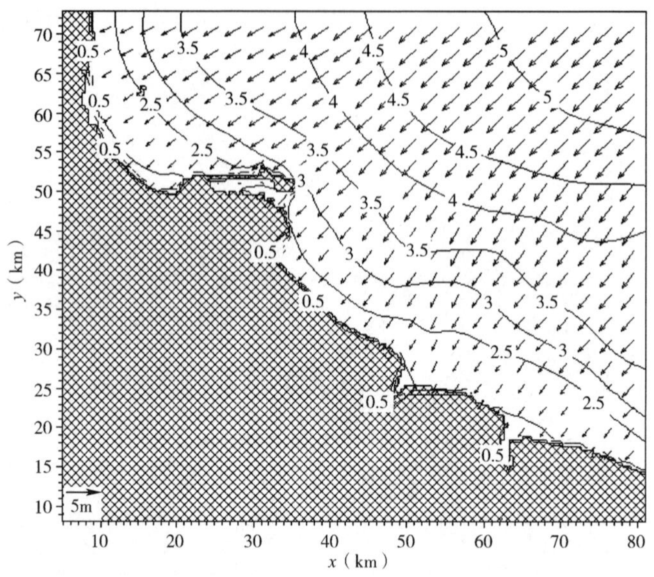

图 5-6　10 级浪 NE 向入射波高分布

图中还反映出当波浪自外海传入近岸，波高持续向岸衰减。此外，由于岸滩坡度很缓，与沙质海岸不同，并未出现一个波浪爬坡的波高增加区，破波现象不明显。赵子丹等人[210-212]在对淤泥质底床波浪传播特征的研究中，指出与沙质海岸的近似刚性底床不同，由于淤泥质底床存在流变性，将会带来波浪传播中的能量损耗，从而波高沿程持续衰减，这一结论与本书中计算波浪场的分布特征是相符的。

值得一提的是，储鏖[194]、王红川和潘君宁[195]分别曾对连云港港 30 万 t 级航道工程波浪传播特征进行模拟。图 5-7 给出了储鏖[194]所模拟的对应 10 级浪 NNE 向入射条件下的某一工程方案条件下的平均高潮位波高分布场，可与图 5-6 作定性比较。由于其算例针对连云港港具体工程项目，港区岸线已重新规划，并考虑了深水航道存在对波浪传播的折射，入射波向也有差别，从而计算得到的波高分布形态应与本书中存在差异。尽管如此，从宏观分布规律来看，无论波高的量级还是分布趋势均与本书中模拟结果相近，在外海输入波高较大的条件下，沿程仍显示出一定的波高梯度，不出现明显的破波线，显示了连云港地区波浪传至近岸波高持续损耗的特征，这点与沙质海岸不同，因此将催生形式相异的波生流场，将在以下章节

中进行着重分析。

以上验证与比较,证实了波浪模拟结果的合理性,从而得到的波浪参数可以有效作为波生流模式的输入条件。

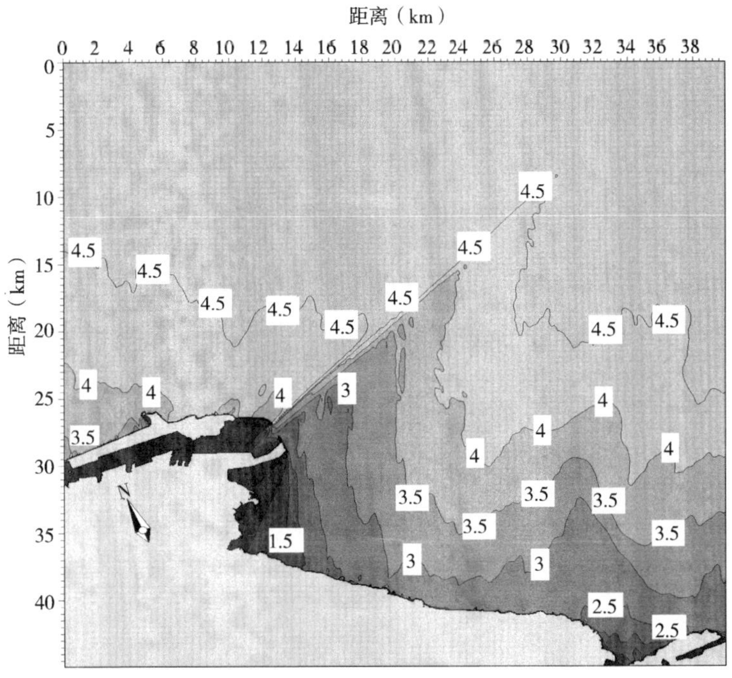

图5-7 连云港区 NNE 向10级浪平均高潮位波高 H_s(m)分布(某工程方案)[194]

5.2 潮流运动模拟及验证

潮流运动模拟中的计算范围与网格划分均与波浪模拟中相同,外海边界由东中国海潮波模型提供。在计算时间步长的选择中,采用外模式 6.0s,内模式 30.0s;由于连云港海域地形平缓,潮流运动以二维性质为主,从而垂向等分为 6 个 σ 层。

潮流运动模拟的率定与验证采用2004年7月17日~7月28日大潮水文测验和2005年9月8日~9月9日中潮测验作为依据。其中,测点位置见图5-8;验证情况见图5-9和图5-10(为节省篇幅,仅给出表、底层的流速率定与验证情况)。根据对比,可见模拟潮位与各分层流向、流速的数值与实测值较为吻合,并且规律一致。这表明了所建模式的合理性和可靠性。

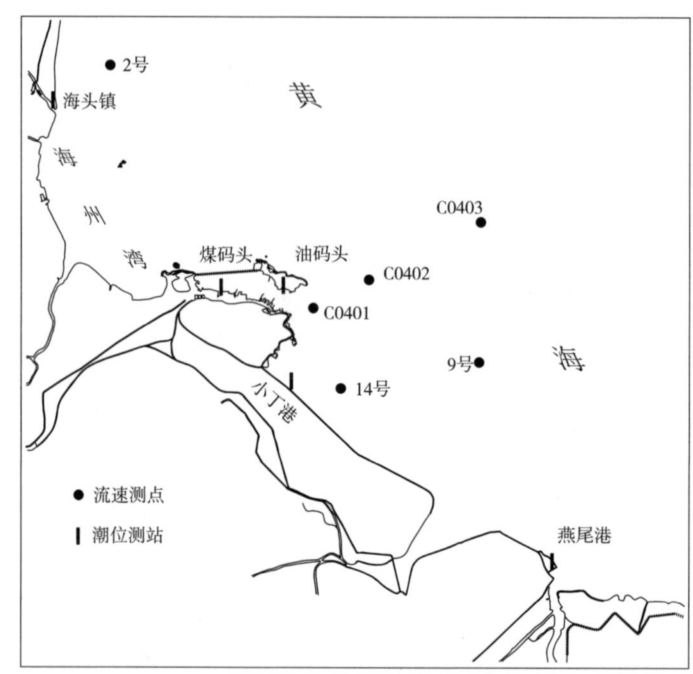

图 5-8　潮流模拟验证点位置示意图

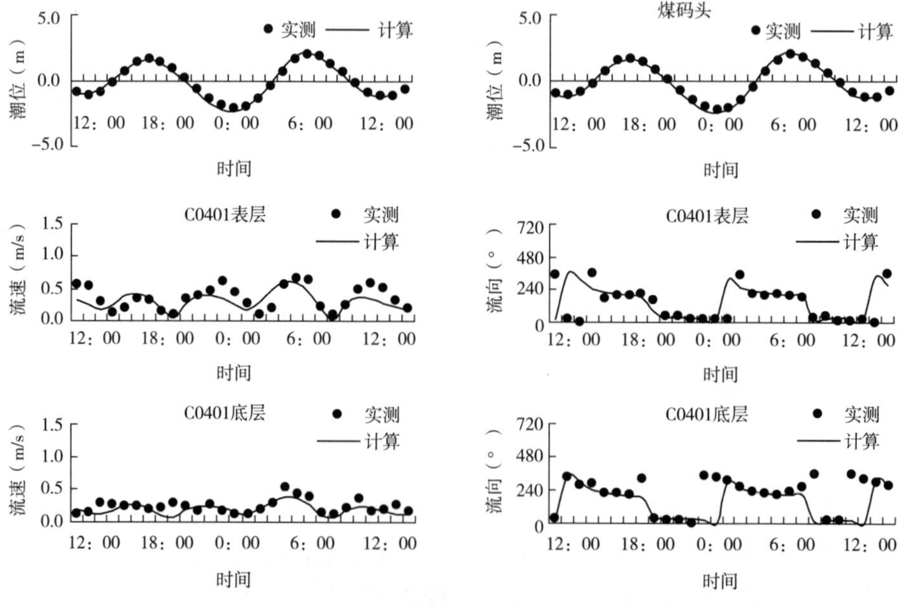

图　5-9

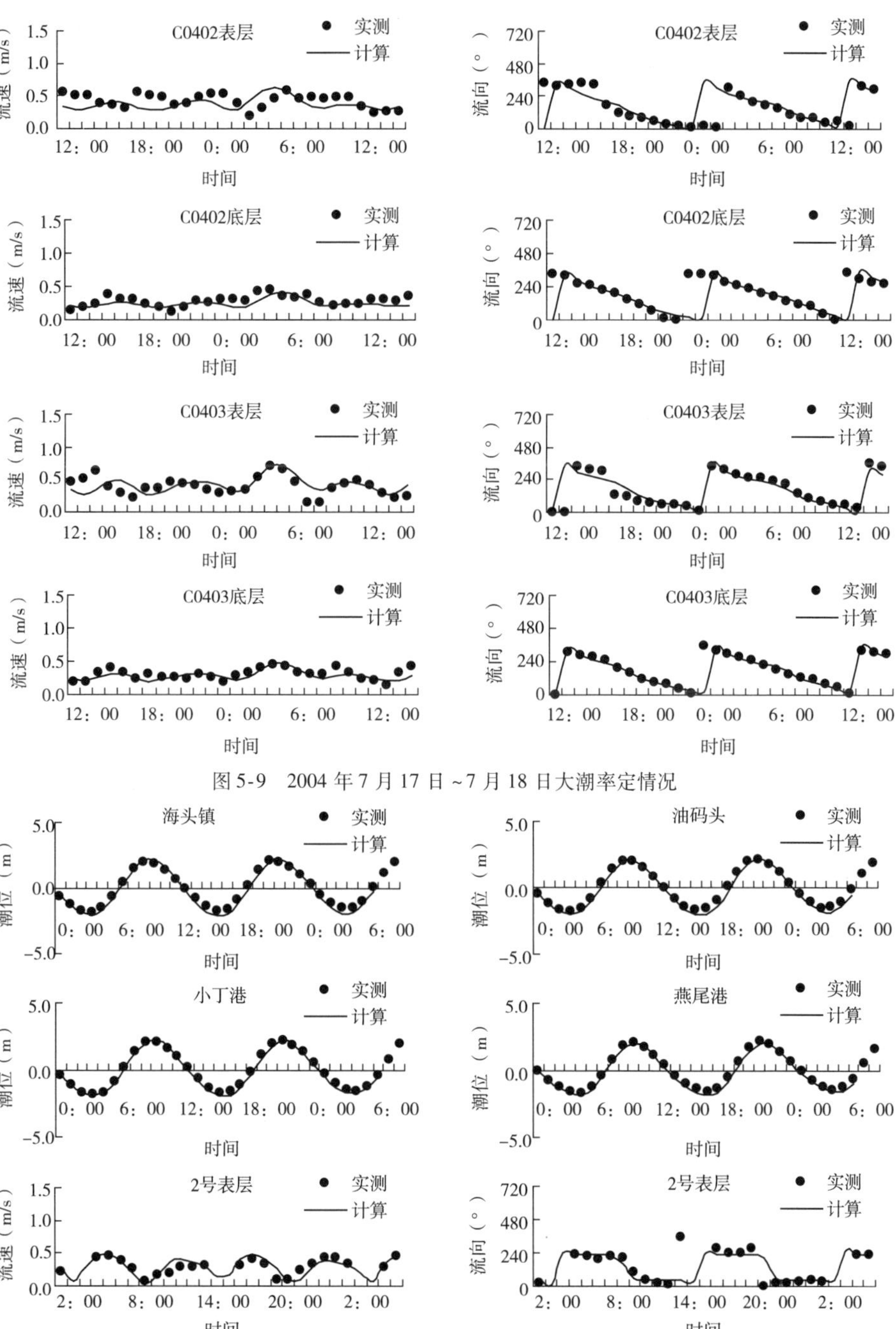

图 5-9　2004 年 7 月 17 日 ~7 月 18 日大潮率定情况

图　5-10

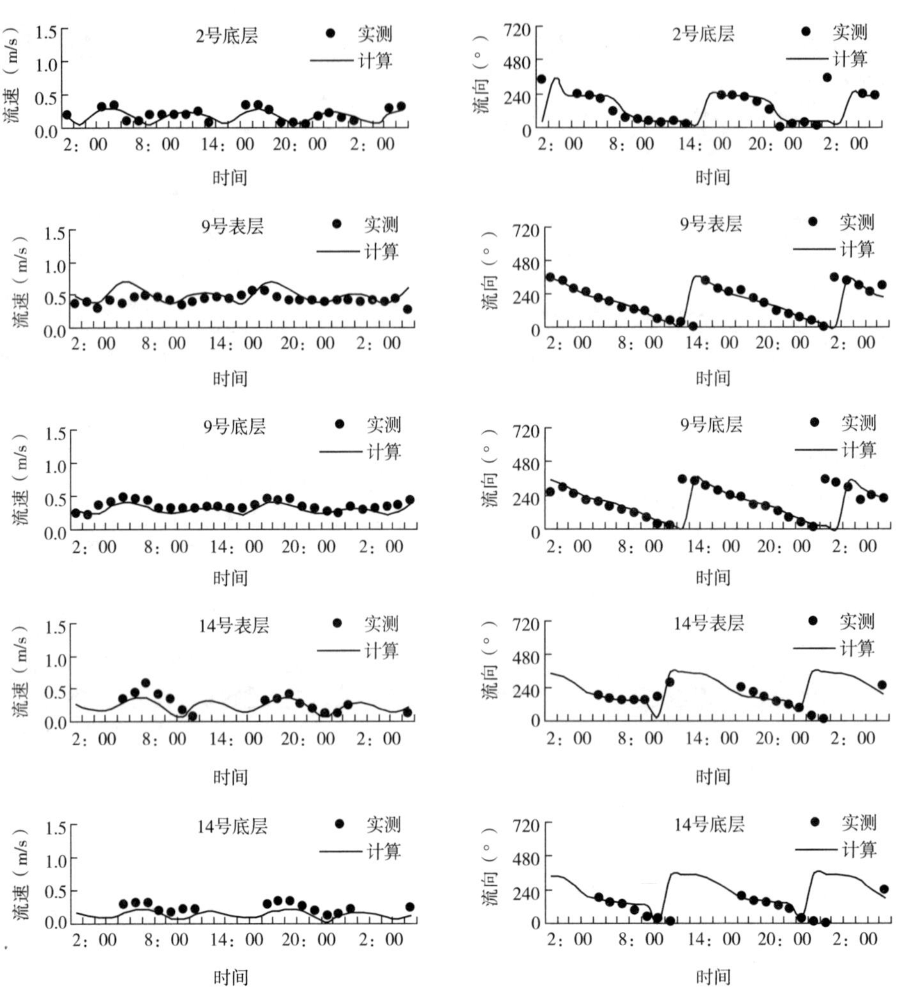

图5-10　2005年9月8日~9月9日中潮验证情况

5.3　波生流分布及影响规律

实际海岸条件下，波浪在不同天气条件下形成很大差异的波高与周期，此外波向也不断改变。为了能够充分评价实际海岸条件下波生流场的分布特征，分别计算5~10级浪条件下的波生流场。根据3.5.5节中的研究结论，取垂向掺混系数$b=0.001$，水平掺混系数$\lambda=0.40$。

针对连云港地区，由于实际中的潮流流态是旋转的，从而波生流和潮流以矢量形式叠加后将形成新的旋转率。应指出，波生流作用是完全耦合的，在实际问题的

处理中不能简单分离研究。然而,为了从定性上分析波生流的影响规律和程度,在数值试验中不妨先将二者分离论证,首先计算仅波生流条件下的流场,再将其耦合模拟,以便更好地分析波浪引起的流态变化。

潮流场选择2004年7月17~7月18日大潮的全相位过程为例;波生流计算时反复迭代,直至计算达到稳定状态。

5.3.1 平面分布规律

首先对仅波生流作用下的平面流场特征进行分析,采用垂线平均流速和水位变化作为主要依据。着重分析7级浪与10级浪条件下的波生流场,其可代表中浪条件和大浪条件。其他波浪等级下的流场结论类似,在此不作赘述。波浪方向选择连云港海域的主导浪向:N向、NE向和E向。

观察以下六种条件的波生流场(图5-11~图5-16),得到以下几点结论:

(1)仅考虑波生流时,当地海岸流态形成显著的、流速大小和范围不一的波生环流结构。经观察,波生环流的发展位置与地形形态相关。以埒子口外为例,由于地形存在沙嘴状结构(图4-1),从而根据波生流理论,将在临近沙嘴的较深处产生裂流;在等深线变化较剧烈处(如灌河口外),同样由于波高、波向变化陡峭,引起波生剩余动量的局部梯度,从而催生了较为复杂的流态。至外海水深较大处,各种波浪条件下的波生流速均很低,为绘图清晰,这里仅给出影响较大的范围。值得指出的是,波生流的影响范围并非仅限于波浪破碎带内,这一因素与经典波生流理论解存在一定差异,将在后续章节中作重点探讨。

(2)波生流场结构受入射波向影响明显。以灌河口南侧海域为例,波浪E向入射时,形成一股较强的北向沿岸流;而在N向入射时,沿岸流方向则指向南侧;NE向介于两者之间。应指出,由于岸线走向介于N与NE向之间,而与E向夹角最大,从而沿岸流以E向最高,NE和N向次之。

(3)对于同一波向而言,随波高增大,波生流速相应增高。其原因在于波生动量梯度与波高的平方梯度成比例,即使在相邻两个计算节点的波高差异相等,在平方率作用下其动量梯度也随波高绝对值增大而增高。然而,即使边界入射波向相同,仍可观察到7级浪和10级浪的波生流场分布形式并不完全相同,这是由于即使同一边界入射波向,不同波高和周期在复杂地形的传播中仍有差异。此外,不同波浪参数也将引起不同的紊动掺混作用。

(4)复杂岸线附近波生流速较强,以连岛、西大堤处为例,由于岸线曲折,波浪折射现象明显,表现在尽管外海来波存在各种方向,但在岸线附近均逐渐传播至与岸线近似垂直,受到不规则岸线的限制,局部波向变化剧烈,形成的波生动量梯度较地形均匀区域大,从而驱生了更高的波生流速。

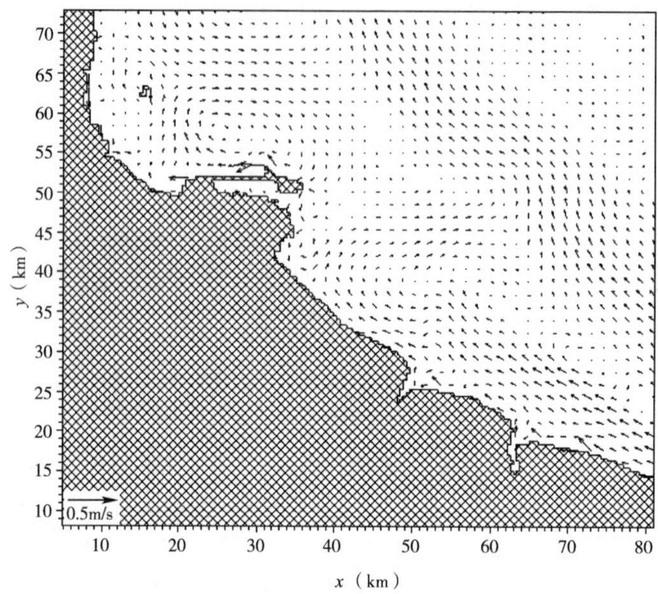

图 5-11　7 级浪 E 向对应垂线平均波生流场

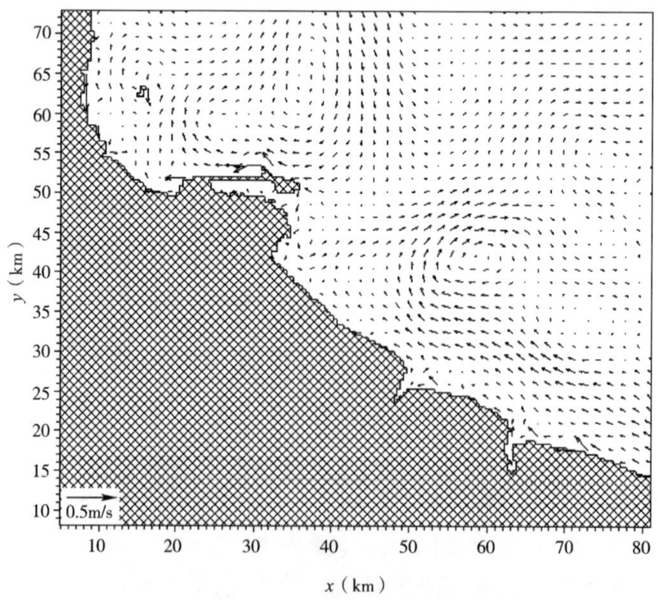

图 5-12　7 级浪 NE 向对应垂线平均波生流场

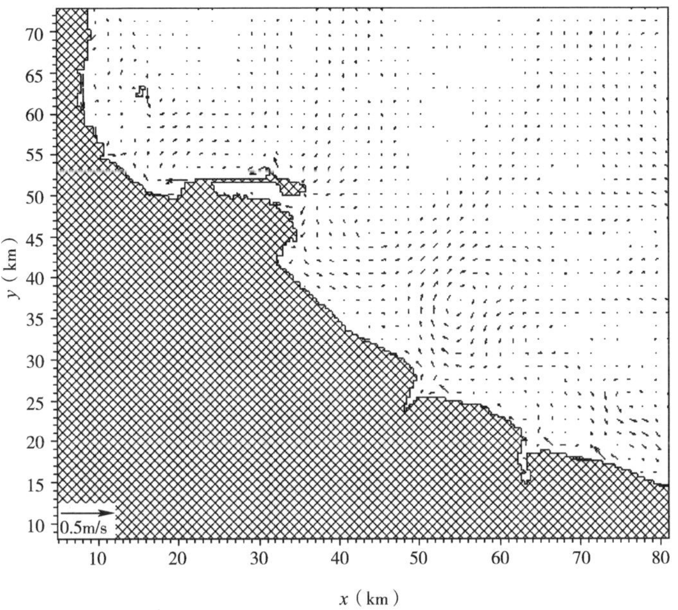

图 5-13　7 级浪 N 向对应垂线平均波生流场

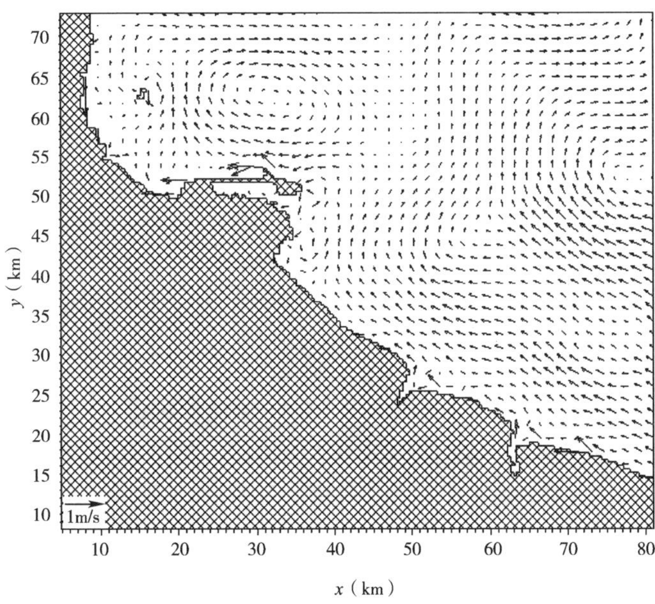

图 5-14　10 级浪 E 向对应垂线平均波生流场

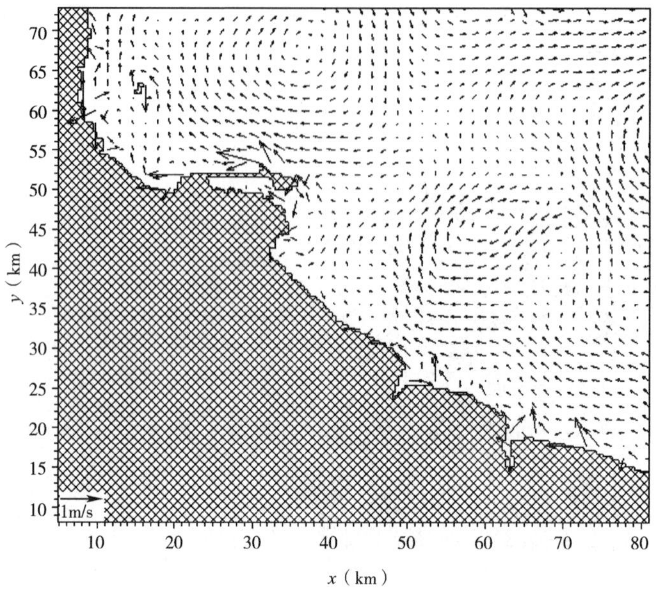

图 5-15　10 级浪 NE 向对应垂线平均波生流场

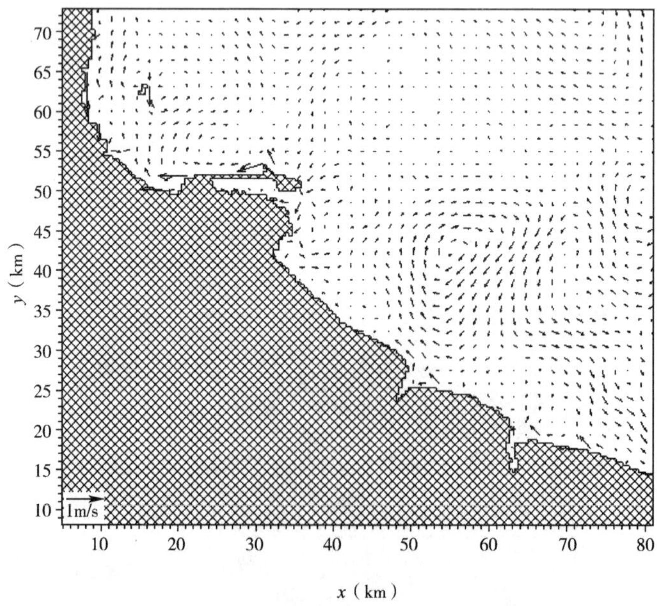

图 5-16　10 级浪 N 向对应垂线平均波生流场

相应,图 5-17 和图 5-18 分别以 7 级浪和 10 级浪 NE 向入射为例,比较了波生时均水位场的变化。图中反映出以下特征:

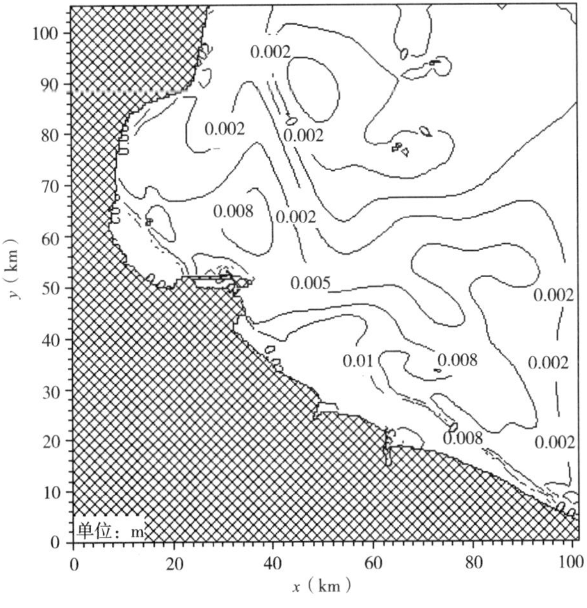

图 5-17 7 级浪 NE 向对应水位变化

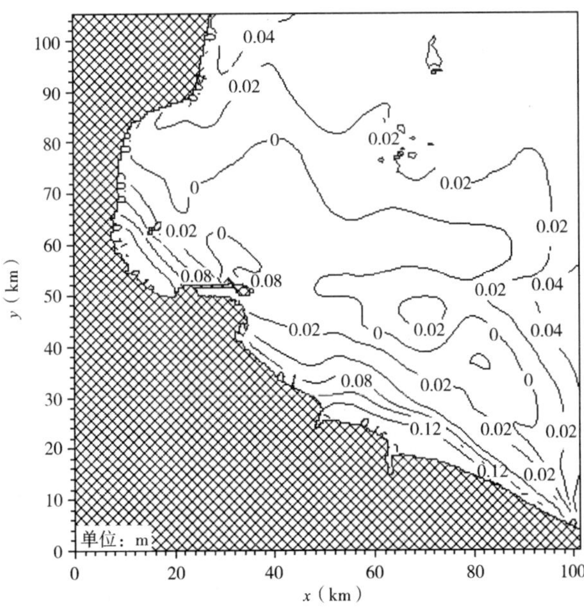

图 5-18 10 级浪 NE 向对应水位变化

(1)在近岸区域,波浪引起的水位变化形式以增水为主,而至外海则有较弱减水;越靠近岸边,增水数值越高。

(3)近岸水位变化等值线与等深线近似平行。实际上,波浪在传播至近岸的过程中也有与等深线逐渐平行的趋势,因此该结论是合理的。

(4)随波高增大,水位变化值也相应增大。7 级浪 NE 向条件下的近岸水位变化大致小于 0.01m,而 10 级浪 NE 向则达到 0.1m,反映了波生动量梯度的差异。

5.3.2 垂线分布规律

以上分析了波生流场的平面分布规律,是一个二维概念。为了进一步分析波生流在垂向上的分布,选择 7 级浪和 10 级浪 NE 向的表底层流场进行分析,见图 5-19 ~ 图 5-22,得到以下结论:

(1)底部离岸流现象不明显,流场表底层平面分布结构基本一致。尽管在接近岸线处的某些区域,可观察到底部流场有微弱的向海偏移,但也并未显示出较强的底部离岸流,表底层流向差异很小。从理论上分析,底部离岸流的主要驱动力是波生动量各垂向分层平面梯度,如在破波条件下还存在表面的水滚动量梯度。在本算例中,水滚动量为零;同时由于波浪沿程衰减强度不大,从而波生动量平面梯度较弱。如对比分析,沙质海岸由于岸坡陡峭,便于水体贴底流动,此外波浪破碎后波高迅速衰减,表面水滚也充分发展,形成很大的动量梯度,因此底部离岸流十分明显;但在淤泥质海岸,由于其岸坡极为平缓,水流运动以二维特征为主,垂向环流难以发展,此外波浪传播向岸衰减且梯度不大,因此底部离岸流不能充分发育。

(2)波高数值对流速垂线分布梯度存在影响。经比较,7 级浪下的垂线流速梯度较 10 级浪大,这是由于 7 级浪波高和波周期均较 10 级浪小,从而波浪引起的垂向掺混程度降低[可见方程(2-51)],从而形成较大的垂向梯度。根据分析,在纯波浪作用下,随着波高的增大,波生流速的垂线梯度将减小。这与 3.5.3 节中结论是一致的。

5.3.3 影响程度分析

根据以上讨论,不同波高等级情况下的波生流速数值有较大差异,为了进一步定量考察波生流速的量级,并评价其对潮流场的影响程度,以下将各种浪况下的波生流数值与潮流平均流速进行对比,并寻找规律。在分析波生流的影响程度中,取图 5-22 所示范围中的 -5m 等深线以内节点流速平均值和 -3m 等深线以内节点流速平均值作为比较对象。其中潮流场也对一个全潮周期流速进行平均(图 5-22 中所示范围)。

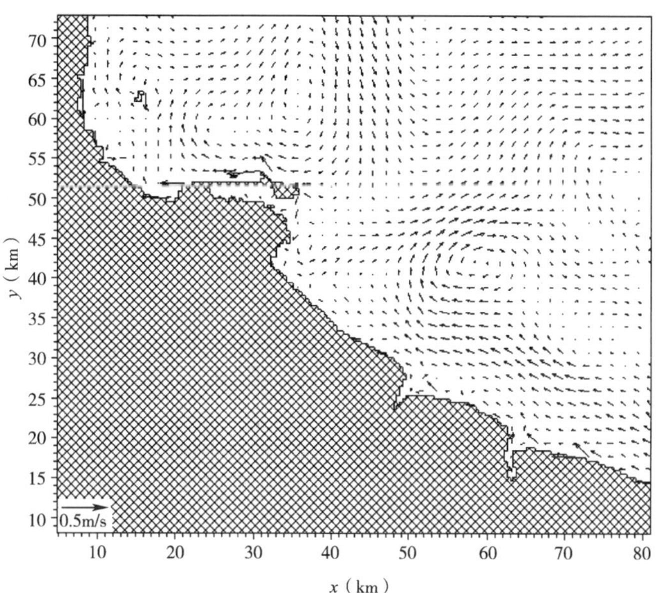

图 5-19　7 级浪 NE 向表层波生流场

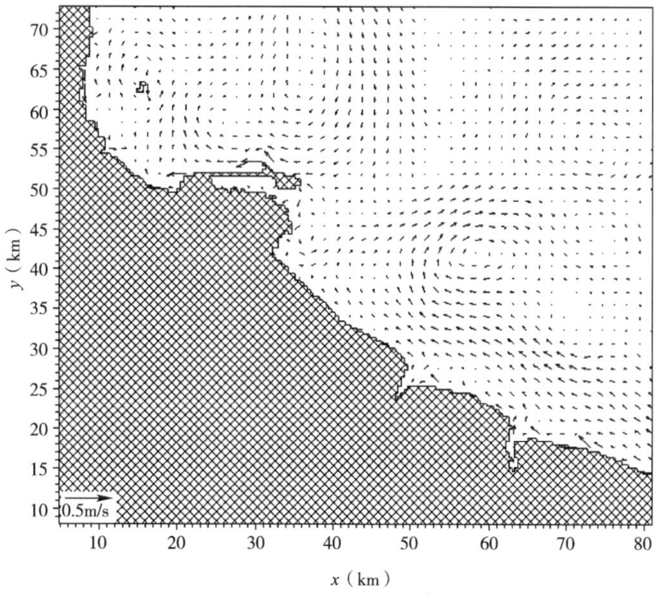

图 5-20　7 级浪 NE 向底层波生流场

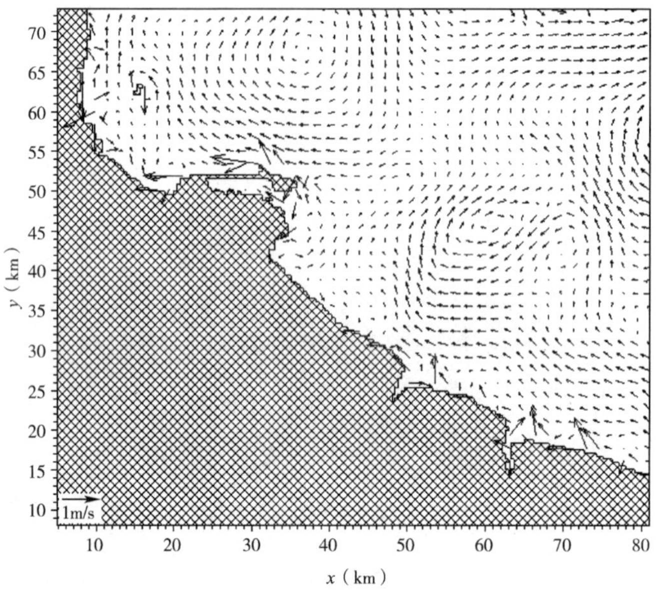

图 5-21　10 级浪 NE 向表层波生流场

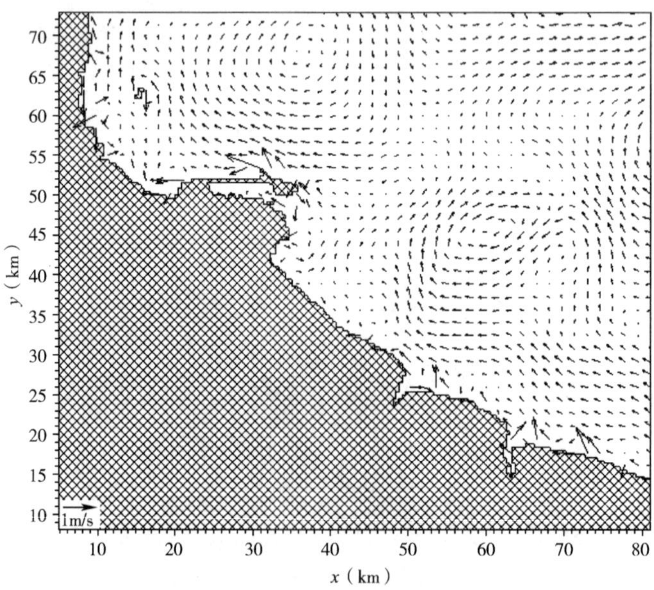

图 5-22　10 级浪 NE 向底层波生流场

表5-3中给出了各级浪况下波生流速占潮均流速的比例，分析表中结果，得到以下几点结论：

(1)波生流的影响程度随波浪级别加大而增强。以垂线平均流速为例，5级浪时所占-5m等深线内平均比重仅为9.55%；而当10级浪时，该比例达到79.02%。

(2)至近岸区域，波生流的影响程度变强。对应相同流速分类，-3m等深线内比例超过-5m等深线情况。10级浪-3m等深线内垂向平均波生流速已占到潮流的87.58%。

(3)波生流对底层流速的影响程度较表层大。根据表5-3中数据，-3m等深线以内底层波生流速平均值已超过平均潮流流速，达到107.66%。这一现象的成因在于潮流的垂向分布近似于对数分布，底层流速较低；而波生流中由于波生垂向掺混效应的影响，流速数值在垂向分布上较潮流均匀，从而底层流速所占比例更高。

不同浪况下波生流影响程度分析（各级风对应波向均取NE向）　　表5-3

-5m等深线以浅区域						
工况	垂线平均流速(m/s)	比例(%)	表层流速(m/s)	比例(%)	底层流速(m/s)	比例(%)
潮流	0.29	—	0.34	—	0.22	—
对应5级浪	0.03	9.55	0.03	9.36	0.02	10.87
对应6级浪	0.04	14.97	0.05	14.03	0.04	17.36
对应7级浪	0.08	27.37	0.09	25.27	0.07	32.03
对应8级浪	0.11	37.79	0.12	34.17	0.10	45.42
对应9级浪	0.14	49.49	0.15	44.11	0.13	60.55
对应10级浪	0.23	79.02	0.24	70.25	0.21	96.88
-3m等深线以浅区域						
工况	垂线平均流速(m/s)	比例(%)	表层流速(m/s)	比例(%)	底层流速(m/s)	比例(%)
潮流	0.27	—	0.32	—	0.20	—
对应5级浪	0.03	11.88	0.04	11.37	0.03	13.34
对应6级浪	0.05	18.55	0.05	17.29	0.04	21.48
对应7级浪	0.08	30.71	0.09	28.12	0.07	36.37
对应8级浪	0.10	39.26	0.11	35.18	0.09	47.81
对应9级浪	0.13	49.88	0.14	44.15	0.12	61.65
对应10级浪	0.23	87.58	0.25	77.63	0.21	107.66

综上分析，经过分离波生流、潮流的数值试验，指出在海域波浪增强时，波生流所起的贡献越来越大。因此，在大浪天气下，波生近岸流已成为另一个显著动力，其影响力甚至与潮流是当量的，从而在模拟中不容忽略。

5.4 波生流场合理性分析

对于沙质陡坡海岸，波生流的重要性毋庸置疑，其已被公认为近岸泥沙运动的主要驱动力，其影响远超过潮流，因此对波生流现象的研究几乎全部集中于沙质海岸。然而，上节中应用波流耦合模型对淤泥质缓坡海岸波生流现象进行了研究，并得到了独特的流态。值得指出的是，这一流态与我们对沙质海岸波生流现象的认知存在一定差异，特别是波生流的影响范围和流速量级。

从技术路线上讲，第三章中对模型验证的水槽资料均为陡坡，坡度在 1 : 20 至 1 : 50 不等，对应了沙质海岸条件，而与淤泥质海岸的缓坡条件存在较大差异。此外，由实验室水槽至现场的拓展是否有效，一般来说需要现场实测数据的检验。然而，针对实际淤泥质海岸的研究极少，因此没有实验室水槽的资料支持。至于现场实测资料，特别是在大浪条件下的资料更是极为匮乏，且难以将波生流与潮流分离，不易直接验证文中结论的合理性。

鉴于此，以下将采用理论分析的手段，进一步对所得流场进行分析，与沙质海岸波生流现象进行对比辨证，同时也对所模拟的波生流速量级进行分析与讨论。

5.4.1 与波浪破碎的关系

在经典海岸动力学理论中[213]，通常认为波生流现象与波浪破碎有关，其影响范围集中在破波带内与破波点附近。其中，波生流速在破波点附近最高，而向外海迅速降低为零。在所建三维波流耦合模式中，综合考虑了各种波生流的驱动力和修正力，对时均流动、增减水等波生流现象可采用统一的方程组进行求解，无论针对经典算例还是水槽数据拟合均达到很好的效果，这便为后续分析提供了技术支撑。然而，在对实际淤泥质海岸波生流场的研究中，却又体现出不同的规律，其中波生流影响范围并不严格局限于破波带内，且形成的流速量级在 7 级浪以上才与潮流具有相近量级。

要分析这些差异，首先需要深刻探讨波生流现象的生成机理。从数理上讲，波生流现象(包括增减水与时均流动)的形成原因在于波生剩余动量的各向梯度 $\partial M_{ij}/\partial x_{i,j}$(如存在波浪破波表面水滚还可包括$\partial R_{ij}/\partial x_{i,j}$)。在以往理论中，特别是针对波浪斜向入射引起沿岸流分布的推导中，认为在破波带外由于波生动量的各向梯度仅被时均水位梯度所平衡，而不产生任何时均流动，而在破波带内则由于波

能衰减而造成时均流动。但是,以上研究的对象为垂线平均波生流速,其中存在两个重要基本假设:

(1)地形等深线均匀,并沿岸平行;

(2)破波带外波浪传播过程中能量保持守恒,其中波浪折射与浅水变形均服从弥散方程与光程关系。

在以上假设基础上,经推导可得到破波带外的二维时均剩余动量侧向梯度为零$\left(-\frac{\mathrm{d}S_{xy}}{\mathrm{d}x}=0\right)$[213],从而自然不存在沿岸流的驱动力。

此外,在对波浪正向入射引起增减水的二维经典理论中,也认为增减水可直接平衡二维波生剩余动量梯度,而并不必要产生时均流动$\left(\frac{\mathrm{d}\bar{\eta}}{\mathrm{d}x}=-\frac{1}{\rho gh}\frac{\mathrm{d}S_{xx}}{\mathrm{d}x}\right)$。然而,在实际条件下,尽管波生流速的沿水深积分确实为零,但仍可出现垂向时均环流结构,包括底部的离岸流与表层的向岸流(可见3.1节中的波浪水槽实验)。实际上,Svendsen等人[170]在研究中指出,当波浪斜向入射时,近岸的时均流场同时具有水平分布与垂向分布特征,是一个复杂的三维螺旋流态。

总的来说,经典的波生流理论是在二维、破波带外能量守恒的基本假设下推导得到的。然而在实际算例条件下,并不完全服从这些假设,其中包括:

(1)波能传播并非守恒。在实际淤泥质海岸中,波浪传播中的能量损耗并不仅仅来自破碎,其中在浮泥界面波的消能作用下,底摩阻也是波浪传至近岸的重要能量损耗形式。此外,在风浪场计算中,表面风能的输入也是波浪能量的一个来源,并也受到风区吹程的影响。这些因素使得波浪传播中的能量与外界环境存在交换,从而并非严格守恒。因此,即使在破波带外,波生时均剩余动量的各向梯度也并不为零,这一点是与经典推导不同的。

(2)地形各向不均匀。实际海岸中底部地形起伏,且等深线并非平行,波浪传播中受到各向不均匀地形的影响,产生绕射、折射联合效应,从而波生时均剩余动量在各向仍将保持一定的梯度。裂流的形成本质就在于剩余动量的侧向梯度,并且其流速可一直延伸至破波带外一定距离。实际上,即使波浪未破碎,在局部地形改变的条件下仍会产生一定的时均剩余动量梯度。从这一角度来讲,波浪破碎似不应成为波生流形成的必要条件。

(3)波浪传播形态为不规则波。实际海洋中的波浪传播在各种因素影响下,以不规则波的形式存在,具有一定的统计特性,从而时均剩余动量的分布自然也与规则波存在差异。根据陶建华[214]、孙涛和陶建华[215]的研究结论,即使地形均匀,不规则波作用下的沿岸流影响范围也较规则波更远。

(4)存在波浪紊动掺混效应。通过第3章中对各种波生流算例的数值实验,指出波浪质点周期运动将引起紊动掺混,其中水平掺混可使波生流的平面分布变得均匀,并使波生流的影响范围扩展至破波带外。

因此,结合以上分析,在实际淤泥质海岸中,受到各种其他动力因素的联合作用,近岸波生流的分布与破波带可能并不完全重合,需要进行更加深入的评价。

5.4.2 与沙质海岸对比

在沙质海岸,地形坡度陡峭,浅水至深水过渡迅速。此外,沙质海岸底床接近刚性,波浪传播中底部摩阻较小,从而波浪在深水传至近岸时能量损耗低,波高与时均剩余动量在深水区域梯度很小。但至近岸区域,水深迅速由深转浅,波浪在浅水变形影响下爬高,波高增大直至破碎点处,形成一条清晰的破波线,然后波高在破碎作用下向岸沿程迅速衰减,形成了很大的波生剩余动量梯度。在这种条件下形成的波生流态应是破波带以内及附近流速很高、外海流速很低的形式。即使是在正常天气、波浪较小的情况下,由于破波带内的波高迅速衰减,也会驱动较高的近岸流速。这一点从 Visser 沿岸流水槽中便可见端倪,仅在厘米量级的入射波高在陡坡海岸破碎条件下仍可形成达到0.4m/s的沿岸流速峰值。

而在淤泥质海岸,波浪的传播形态与沙质海岸存在很大差异。当波浪自外海传播至近岸时,首先在淤泥质底床流变性的影响下,底部摩阻很强,波能从而向岸持续损耗,形成波高自外海向近岸缓慢衰减的趋势[210-212]。其次,在较缓底坡的影响下(连云港地区达到1:1000~1:2000),水深过渡距离很长,因此与沙质海岸的破波带内波高衰减率相比,淤泥质海岸向岸波高衰减梯度较小,且近岸的波高衰减率并不明显超过外海。这一结论不仅可由计算波浪场分布得到,文献[194,195]中在对连云港海域波浪传播的模拟中也得到了相近结论。此外,卢佐与赵群[206]在连云港地区台风"韦帕"过境时的现场外业测量中,也得到波高沿程衰减的观测结果。这就使得波生动量的梯度在大范围均存在,但梯度数值并不大,从而与沙质海岸相比,所形成的波生流速量级并不高,但其影响范围较之沙质海岸远。为了更加清晰地反映这一物理机制,图5-23比较了以上两种海岸的波高、波生流沿程分布形式。由于波生动量与波高相关性最高,因此图中也可将其视作波生动量的沿程分布,图中清晰地反映了沙质海岸外海动量梯度低、破波带内动量梯度高,而淤泥质海岸沿程梯度较小。这便印证了沙质海岸破波带内波生流速很高、外海很低的特征,也说明了淤泥质海岸波生流速较低,且影响范围较远。

无独有偶,孙涛和陶建华等人[215]曾建立物理水槽实验对不同地形坡度沿岸流现象进行研究,并指出较小坡度地形上沿岸流影响范围普遍大于相对较大坡度地形上的结果,这进一步佐证了以上分析的合理性。

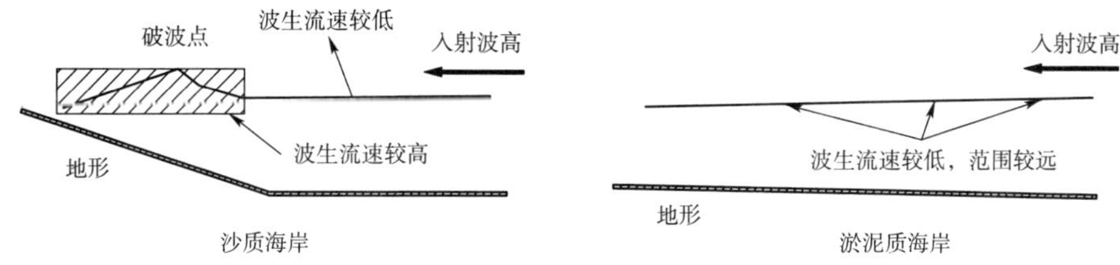

图 5-23 不同海岸类型波高、波生流形式对比示意图

5.4.3 波生流速量级分析

通过以上分析,淤泥质海岸由于其波浪传播特征、底床泥沙特性与岸滩坡度均与沙质海岸存在差异,因此催生了并不完全类似的波生流态。然而,根据表 5-3 中的结论,大浪天气下淤泥质海岸波生流速至破波带外区域亦可与潮流当量,这一结论与经典的沙质海岸波生流特性存在差异。流场强度直接控制了淤泥质海岸悬沙运动规律,是重要的水动力因子,因此仍需慎重考虑,其合理性值得深入分析与讨论。

为进一步分析淤泥质海岸的波生流速量级,可从原始控制方程出发,采用数理分析的手段,对比波浪动量沿程梯度和潮流运动方程中的水位平面梯度关系,以判断潮流运动与波生流运动的权重。对潮流运动而言,从控制方程中可以看出,潮流流速的量值主要取决于水位梯度项 $gD\frac{\partial \eta}{\partial x}$,其中水位梯度越大,则相应流速越高。而对波生流而言(以二维为例),流速决定于二维时均剩余动量(即辐射应力)梯度项$\frac{D}{\rho_0}\cdot\frac{\partial S_{ij}}{\partial x_i}$。

鉴于此,以下分别比较了 5 级浪、7 级浪、10 级浪 NE 向入射的辐射应力梯度 $\frac{1}{\rho_0}\cdot\frac{\partial S_{ij}}{\partial x_i}$,并与仅潮流条件下的水位梯度值 $g\frac{\partial \eta}{\partial x}$进行比较。实际上,在分析中只要将辐射应力梯度与水位梯度进行对比,就可反映波生流速与潮流速的比例。形象来讲,只要波生动量的平面梯度可与水位平面梯度达到相近的量级,所催生的波生流速便可与潮流流速当量。经分析,将比较结果列于表 5-4。值得注意的是,由于实际海岸中的各计算节点间动量梯度均存在差异,经综合统计后,在表中将以量纲等级的方式进行比较,因此具有代表意义。

根据表5-4中数据，在5级浪条件下，波生动量梯度与水位梯度相差甚远，达到两个量级之多，从而形成的波生流速与潮流速相比处于弱势，仅在毫米至厘米量级；而至10级浪条件下，波生动量梯度已与水位梯度相近，从而波生流速和潮流当量。这一结论进一步印证了表5-3中关于波生流占潮流比重的影响程度分析是合理的。

不同波浪条件下动量梯度量级对比　　表5-4

潮流水位动量项梯度	辐射应力项梯度		
	5级浪	7级浪	10级浪
$10^{-5}\sim10^{-4}$	$10^{-7}\sim10^{-6}$	$10^{-6}\sim10^{-5}$	$10^{-5}\sim10^{-4}$

值得特别指出的是，孙涛和陶建华[216]曾以渤海湾为例计算了波生近岸流态。经分析，其中所建实际算例的地形坡度已达到1：1000以缓，并指出波生近岸流的流速可达到0.5m/s以上，与潮流量级相当。这与本书中的结论也是符合的。

5.5　波流耦合下流场分布特征

为便于理论分析，以上单独研究了淤泥质海岸的波生流特性，得到了较为明确的影响规律和影响程度。然而，在实际海洋中波生流与潮流是非线性耦合的，在不同位置或区域流速方向各异，因此表5-3中的影响程度分析仅是规律的体现，而并非实际海岸中的真实流态。

在连云港地区，潮流的旋转性将使波流耦合下的流场呈现出更加复杂的规律。因此，以下仍将从平面分布和垂线分布两个方面对波流耦合下的流场特征进行分析。在计算中，由于潮位随时间改变，波生动量也相应按每一时间步长更新的水深进行计算。

5.5.1　平面分布特征

根据以上结论，随波高增大，波生流的影响程度递次变强。因此，以下以影响程度最大的10级浪条件为例，对E、NE和N向的耦合流场进行模拟。图5-24～图5-26中绘制了耦合后流场的椭圆矢量图，并与仅潮流作用下的流场情况进行比较。根据分析得到以下几点认识：

(1)定性来讲，波流耦合下的流场分布并未改变大范围潮流的运动形态，仍可看出外海以旋转性流态为主，近岸以往复流态为主。然而，在波流耦合后，各点的流速椭圆率和各时刻流速、流向仍存在一定差异。越至近岸，流速椭圆的变率越大，在波生流较强的某些位置(埒子口附近、连岛附近)，甚至整个椭圆流矢的形态都产生变化，表现为旋转范围由360°变为限制在某些特定象限内。

(2)尽管在控制方程中,波生流和潮流耦合是非线性的,耦合流场并不能视为仅波生流和仅潮流工况下的简单矢量叠加,但是在定性上仍可看出一定的叠加痕迹。例如,在E向入射条件下,耦合流场的垂线平均流速仍可看出在波生北向沿岸流的影响下,灌河口外流速椭圆有北向流速增强,南向流速降低的趋势。由于NE向沿岸流方向与E向类似,但强度较E向低,从而NE向作用下的流速椭圆变形规律和E向相近,仅椭率变化较低;至于N向入射时,灌河口附近沿岸流方向指向南侧,从而在耦合后的流速椭圆中南向流速增加,而北向降低。

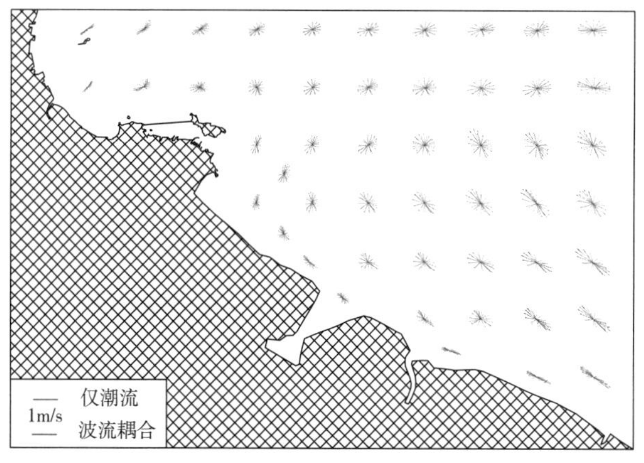

图5-24 波流耦合下10级浪E向垂线平均流速椭圆矢量图

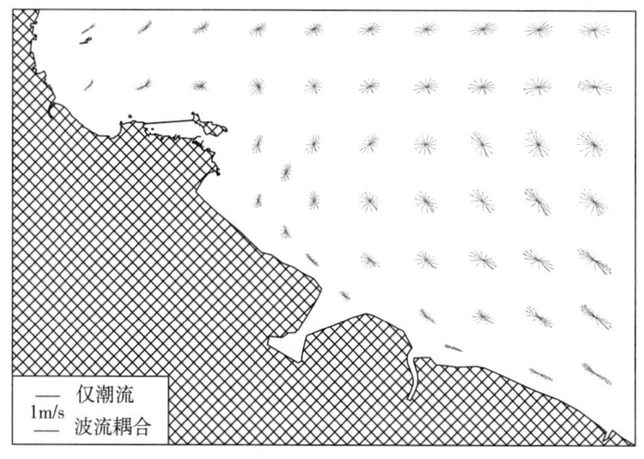

图5-25 波流耦合下10级浪NE向垂线平均流速椭圆矢量

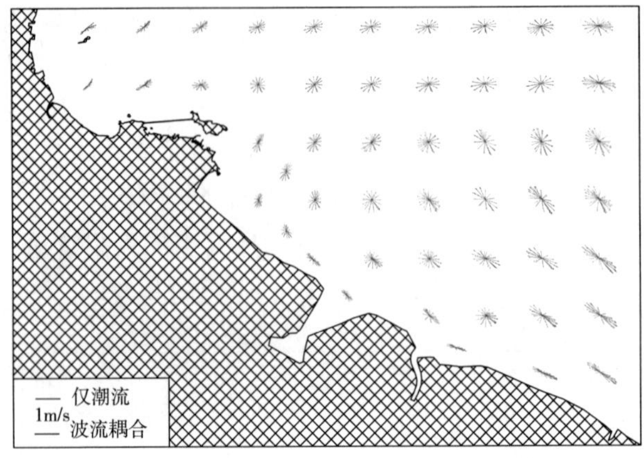

图 5-26　波流耦合下 10 级浪 N 向垂线平均流速椭圆矢量

5.5.2　垂向分布特征

为了比较耦合后垂向流场的差异程度,图 5-27 和图 5-28 中分别利用 7 级浪和 10 级浪条件下 NE 向表底层流场进行分析,得到以下主要结论:

(1)波流耦合后,7 级浪和 10 级浪条件下的垂向分层流向差异均不大。实际上,针对潮流,在地形变化较缓的海岸区域,平面二维流态占主导,而垂向分层效应不显著。此外,经过以上对波生流垂向结构的分析,淤泥质海岸底部离岸流不明显。因此,大范围海域流场仍以二维特征为主。

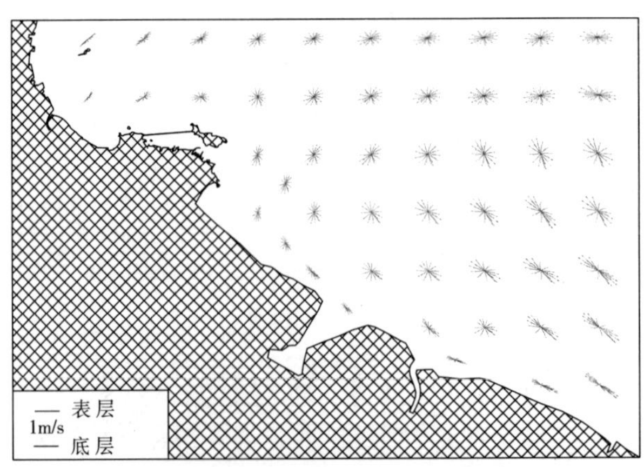

图 5-27　波流耦合下 7 级浪 NE 向表底层流速椭圆矢量图

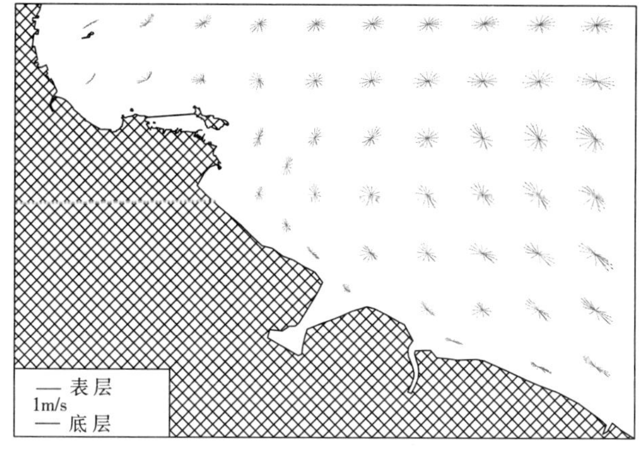

图 5-28 波流耦合下 10 级浪 NE 向表底层流速椭圆矢量图

(2)7 级浪条件下,表底层流速差异明显,显示出一定的垂向流速梯度;而 10 级浪条件下,表底层流速差异并不大。这一现象与波浪引起的垂向掺混有关,随着波高增大,垂向紊动变强,从而分层流速的差异程度也随着波高的增加而变得均匀。

综上分析,波流耦合后,在不同波高、方向波浪的驱动下,流场的平面和垂向分布同时体现了潮流与波生流的特性,是一个独特的流场。这也进一步证明了在波浪作用较为显著的海面条件下,波生流的贡献必须得到反映,否则将不能描述这一流态,也将使得基于水动力模式的泥沙输运、污染物扩散等产生误差。这一点值得重视。

5.6 小结

在本章中,以连云港海域为例,对淤泥质海岸波生流运动规律,以及对波流耦合条件下的流场特征进行详细探讨,得到以下主要结论:

(1)受到底床流变性和地形平缓的影响,淤泥质海岸波生流影响范围较沙质海岸更远。经理论分析与比较,表明所计算得到的波生流态合理。波生流场在平面上形成复杂的环流结构,其发展位置与局部地形起伏相关;埒子口外沙嘴处形成指向外海的裂流,灌河口外侧形成沿岸流;底部离岸流现象不明显。在波生垂向紊动效应的作用下,垂向流速分布随波高增大而变得均匀。

(2)波生流影响程度随入射波高增大而提高。以垂线平均流速为例,5 级浪时所占 -5m 等深线内平均比例仅为 9.55%;而当 10 级浪时,该比例达到 79.02%。波生流对近岸流态的影响程度超过外海,10 级浪条件下 -3m 等深线内波生流速已占到平均潮流速的87.58%。

(3)波流同时存在时,波生流与潮流非线性叠加,潮流椭圆的长短轴和分布形态均发生变化。随着波浪级别的增加,潮流椭圆的变形程度逐渐增大,垂线流速分布也更加均匀。结论显示出在大浪条件下,波生流无论从平面还是垂向均已与潮流达到相近的贡献,从而必须在模拟中加以评价,否则将不能如实地反映真实流态。

本章主要创新点为:

(1)指出淤泥质海岸波生流影响范围较沙质海岸远,且底部离岸流现象不明显,波流耦合后垂向流速梯度变小。

(2)指出波生流对潮流的影响程度随波高的增加而增强。在大浪条件下,波生流的贡献已与潮流达到相近权重,从而成为另一个重要水动力因子,在研究中必须考虑。

(3)指出波流耦合后流态随波浪入射方向改变,体现在流速椭圆的长短轴与椭率随波向存在差异。

6 淤泥质海岸水沙运动模拟思路及应用

淤泥质海岸泥沙运动十分活跃，泥沙问题是重要研究课题。由于泥沙运动以悬移质为主，水动力条件是其运移的基本动力背景。在第5章中，已以连云港海域为例，全面分析了波流耦合条件下的淤泥质海岸流场特征，可为泥沙运动模拟提供合理的水动力条件。然而，根据1.6节中的分析，当前对泥沙现象的模拟思路存在缺陷，因此在本章中，将首先提出一个针对淤泥质海岸水沙整体模拟的新思路，并在此基础上分析波流耦合下淤泥质海岸泥沙运动特征和运动规律。

6.1 结合过程与表现的模拟思路

建立数学模型后，需要利用实测数据对模型的有效性进行检验，包括边界条件、待定参数的率定以及对所率定参数的验证等。这一过程直接决定了数学模型的说服力和所模拟结果的合理性。因而，模拟中的数据选择、处理和表达方式极为重要。

海岸动力中存在各种不同的动力和现象尺度，受制于自然界的不确定性和统计特征，在某一时刻的水沙动力模拟中，初始条件等无法精确取得，如"背景含沙量"和波浪分布参数，尤其是波浪数据严重缺乏，从而无法把握住计算的准确输入条件。此外，小尺度现象带有很强的随机性，从而其规律缺少代表性，难以真实反映宏观规律，形成"尺度噪声"。

其次，近底泥沙的力学特性也随时间、空间有极为复杂的分布，在大范围海域不可能详细获得。举例说明，大量勘探数据反映出，连云港地区的床沙底质体现出冬季较粗、夏季较细的特征。此外，根据上海航道院对连云港地区的底质钻探取样绘制了天然重度的垂线分布图(图6-1)。可以看出淤泥层的垂向容重分布十分散乱，特别是表层泥沙，重度范围可处于14.5～16.3kN/m^3，并有向泥面下逐渐增大的趋势。将实测资料拟线，得到的关系和文献[121,123]中指出的一致，表层泥沙重度变化梯度较大，而深层泥沙重度变化则不大。经室内试验，Partheniades[115]指出对于老淤泥，其抗冲强度甚至可达到新淤泥沙的 100 倍。这就表明特别对于表层泥沙，冲刷力学特性随深度变化剧烈，且受限于泥沙力学特征的空间分布不均，这种分布无法精确以函数形式描述。

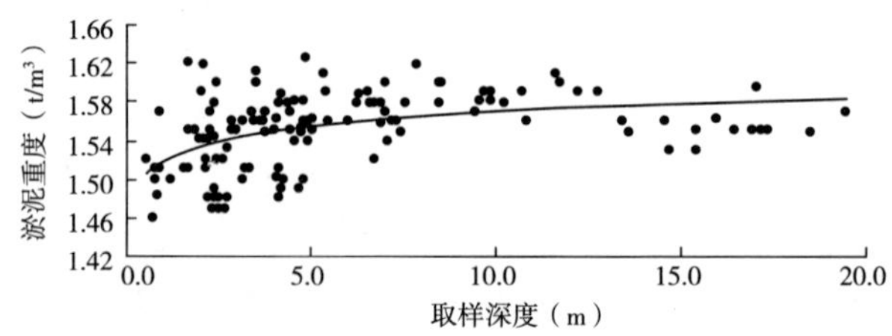

图 6-1　连云港天然垂线重度的分布[196]

综上所述，无论是从尺度理论的角度来讲，还是波浪、泥沙实测资料的角度来讲，短期测量的水沙资料必然存在一定的噪声效应，难以反映真实的整体规律，也无法对应泥沙底质的时间和空间变化。因此，在模型有效性检验中，这样的资料具有缺陷，从而其是否适合作为数学模型的率定与验证标准值得商榷。举例说明，在实际对淤泥质海岸航道回淤的模拟中，往往发现尽管理论相对简单，常用经验公式的预报精度[150-152]反较复杂的数学模型为高。根据笔者分析，实际上航道回淤现象本身属于滩槽演变的范畴，其规律需要在年的尺度上得到反映。面向过程的数学模型由于在有效性检验过程中的资料存在噪声，因此放大至年际尺度会携带这一噪声，导致误差，而经验公式忽略了繁杂的中间过程，而直接针对长时间尺度的回淤信息和关系进行拟合，直接掌握宏观特征，从而参数中的噪声量已得到一定程度的过滤，因此得到较好的结果也具有合理性。

尽管如此，以上论断并不代表短期的实测资料无法应用，而是需要在数据分析的过程中尽可能过滤掉可能出现的噪声和干扰，否则将会在率定和验证中携带这种噪声并引起整体误差，从而降低所建模型的有效性。如果换一个角度思考，虽然天然动力具有很强的统计特征，但从长时间尺度的观念来看，对于任何一个当地海岸，潮流总是呈一个特定的周期运动趋势，流速和流向都较为稳定，波浪参数虽然难以实时预测。但是在多年的尺度上总有一个较为稳定的分布谱，而底质泥沙在岸滩演变的大背景下，其粒径也长期保持在某个范围之内。实际上，长期的水沙动力背景，包括潮流、波浪、波生流等维持了当地泥沙的运动和岸滩演变形态。在沙质海岸，影响了水下地形、沙坝剖面形态和净输沙率；对于淤泥质海岸，维持了水体含沙量的数值、平面分布和滩槽演变等主要泥沙现象。

波浪、水流和泥沙运动在统计意义上存在平衡状态，而这种平衡的打破则往往需要数年、数十年甚至数百年的时间尺度。如果能够把握住这种长时间尺度下的特征，便可以在相当程度上削弱单次测量带来的噪声。建立在较长时间与空间尺度上的水沙对应关系较之短期更加明确与清晰，也更具有代表性，往往被称为该地区的水沙运动“宏观特征”，而这一特征在任何当地都是独一无二的。由此认为，如果能够把握住这种长期运动的特征规律，自然可以过滤掉某一单次水文测量时带来的各种噪声和不确定性。

这种把握长期规律的模拟思路首先带有“面向表现(Behavior-oriented)”的性质。然而，这种“特征性”往往是一个较为模糊、定性的概念。根据以上讨论，为了提炼这一规律，研究方向进而变成了如何将这一宏观特征量化，如何重组实测资料的问题。在沙质海岸，水沙的长期对应关系多采用岸滩演变和沿岸、离岸输沙率来表征，而在以黏性泥沙为主的淤泥质海岸，泥沙运动以悬移质为主，从而含沙量较之底床变形更加容易获得，实测资料的数量无论在时间尺度上和空间分布上也更丰富。此外，从理论上讲，在以当地沙源为主、外部输入沙源较弱的地区，含沙量直接反映了泥沙在水动力条件下的响应，是一个较为敏感的变量，并具有很好的代表意义。因此，在下文中，将以含沙量为主要参量，将长时间尺度下的水沙运动响应关系指标化。

此外，纯粹面向表现的模拟虽然可过滤尺度噪声与资料噪声，但其由于缺乏对力学机制的理解，通用性较差，并较难拓展至其他案例的研究中。这与数值模拟的哲学发展过程相悖离[158]。因此，在本书中，首先详细探讨了淤泥质海岸水沙运动特征，并指出波生流存在对淤泥质海岸水流运动存在影响，不能简单忽略。此外，Cayocca[153]也在研究中指出，小尺度物理过程虽然携带了噪声，但其净影响仍对宏观规律具有贡献。因此，在模型求解的过程中，不仅未对物理过程作任何简化，并且充分考虑了波生流的作用，以此保证模拟的理论通用性，从而这种模拟思路又是带有“面向过程(Process-oriented)”性质的。

6.2 代表水动力的选择

从面向表现的角度出发，模拟中应当把握宏观水沙运动规律。既然称之为宏观，其水动力模拟应当至少达到年的尺度，以作为长期泥沙运动的驱动力。

然而，在实际应用中，波浪条件由于不可实时预测，持续一年计算更无从谈起。因此在长时间尺度的计算中，多数采用分离加权的概念，即首先按照不同的波高、波向分级，并和大潮、中潮和小潮分别组合，最后将其计算结果按照潮型和波浪出现的组合频率进行加权。这种方式在潮型、波浪场较为单一的地区得到了一定的应用。但是,针对连云港地区,波浪的级别和方向变化幅度较大。如果按照这种方式进行组合,将会产生几十个甚至上百个计算组次,从而带来冗长计算时间。特别是在泥沙模型率定中往往需要反复调试参数,如果每次调试都重新计算如此数量庞大的组次,计算效率将无法忍受,在当前的计算水平下无法实现。

为了解决这一矛盾,引入国外学者在长期岸滩演变模拟中的提出的"输入动力简化"理论。所谓输入动力简化,就是以一个或几个关键泥沙运动指标变量为基准,如底床冲淤率或沿岸、离岸输沙率等,并将长期的、以年为尺度的输入条件简化为一个特定的、尺度较小的代表动力条件,而这一代表动力应当能够产生与持续计算一年尺度的动力下相似的该变量平均变化率。在岸滩演变模式中,由于以沙质海岸为主,基准变量多采用底床冲淤和输沙率,从而代表动力以能够产生相似的底床变形和输沙率为原则。这一概念可以极大地简化计算时间,将从大量计算中解放出来,并也可取得较为合理的计算结果。

代表动力包括代表潮和代表波浪两个方面。针对淤泥质海岸,这两种动力对泥沙运动均十分重要。应特别强调,自然界的潮流、波浪和泥沙运动是一个完全非线性的耦合过程,所谓代表动力,不可能代表全部变量,而是一定需要建立在基准变量的基础上。在任何一个海岸地区,长期水动力特征和泥沙特性均不同,因此每个地区的代表动力理应存在差异。因此我们在寻找代表动力时,需要首先把握所研究的对象,其次应针对当地的水动力特征。

6.2.1 代表潮选择方式

所谓代表潮,即为能够产生与长期泥沙运输形式相似效果的潮型。在数学模型中,有时也可以按照实际需求"仿造",未必对应于某一个特定潮型,从而是一个概念上的潮型。针对研究对象的不同,代表潮的个数也可存在单一代表潮、多个代表潮两种思路。在沙质海岸的研究中,常以底床冲淤率作为基准变量,Latteux[144]研究了法国几个海岸地区的岸滩演变趋势,选取代表潮潮差高于天然平均潮差7%~20%;任杰[154]对古珠江口的岸滩演变模拟中选用代表潮差高于平均潮差12.15%的三个代表潮;张宏伟[155]对黄河三角洲的研究中,采用三个代表潮,其潮差超过平均潮差12%。以上结果均反映了代表潮潮差大于平均潮差,这实际上是反映了较强水动力,也就是大潮条件下的泥沙运动更强,而小潮作用下,流速较低,因此泥沙可能并未达到起动条件,从而无法塑造床面。

以往对代表潮潮差的研究集中于沙质海岸,从而岸滩演变和输沙率相似往往是确定代表性的主要判据。然而,对于淤泥质海岸而言,泥沙运动以悬移质为主,泥沙絮团被水流携带,并随水体同时运动,从而在淤泥质海岸泥沙运动的模拟中,

代表潮选择应同时遵循以下两个原则：

(1)潮流作用下泥沙近底通量变化率的相似性。也就是说，所选代表潮引起的底床冲淤变化率要和年际冲淤变化率基本相似。本质上讲，底床冲淤的过程同时也是泥沙与水体交换的过程，决定了含沙量的数值。因此，底床冲淤和含沙量的高低实际上是和谐的。针对潮流条件下的底床冲淤，应持续一年进行计算，并评价平均底床冲淤率，并选择引起相同变化率的潮流过程作为代表潮。

(2)潮流引起的泥沙对流扩散效应相似性。在泥沙运动方程(2-86)中的假设中，实际认为悬移质泥沙在水体中的运动速度和流速一致，从而潮流场特征决定了悬沙对流扩散效应和强度。因此，在代表潮的选取中，尽管其仅是一个针对研究对象的概念潮，可按照需求配置，但笔者认为其潮流流态应尽可能与实际条件类似，应避免出现过于虚假的"伪造"潮流场，否则即使潮差满足代表性，其流速、流向也难以满足，而在以悬移质泥沙为主的海岸这一点恰为主要因素之一。因此，代表潮型应尽量从实际潮型中截取。

总的来说，第一条原则代表了潮流引起的泥沙近底交换强度，实际上也是代表了含沙量的数值和量级范围；第二条原则代表了潮流引起的泥沙运动特征，实际上是代表了含沙量的分布趋势和分布规律。

文献[143,145]中指出，代表潮的潮差不仅与当地水动力条件有关，并且也与采用的泥沙起动公式有关，尤其是指数项。这实质上表征了代表潮同时具有一定的数值意义。在粘性泥沙模拟中，决定近底通量 S 的外部输入参数主要有淤积通量中的临界淤积切应力 τ_{cd} 和近底沉速 ω_s；冲刷通量 S_e 则包含两个主要参数，E 与 n，其中 S_e 和 E 为线性关系，而与 n 为指数关系。尽管在表2-2中显示，n 的取值在 1.7 ~ 3.0，但根据历史对连云港当地泥沙样品的水槽试验[131,191]，并结合笔者在对连云港地区泥沙运动数值模拟研究的经验[197-201]，在这一地区，n 值的大致范围在 1.0 ~ 1.5。在模型率定中，由于 n 值往往并不为常值，因此在选择代表潮时应对其加以考虑，尽可能降低由于 n 值变化造成的误差。

基于以上分析，以下将设计一个数值试验以论证冲淤率相似条件下的代表潮规律，也同时对 n 值对代表潮潮差的敏感区作相应分析。一般来说，真实计算时所取的输入参数应与数值试验中一致，然而在数值试验中参数不可能预先得到充分率定，这就造成一个矛盾。尽管如此，根据笔者对连云港地区的长期模拟，对参数的取值积累了大量经验，从而在试验中取临界底部切应力为 $\tau_{ce}=0.2\text{Pa}$，$a=3.0$，$T_d=2.0$，$m=1.0$；n 值则分别取 $n=1.0$、$n=1.2$、$n=1.5$ 三组。

试验中选择三个参考点作为对比的依据，选点位置见图6-2，其中 A 点位于徐圩地区的岸线平顺海域，底高程为 -3m；B 点位于灌河口外，底高程 -1m；C 点选在连云港北侧的临洪河口，底高程 -2m。

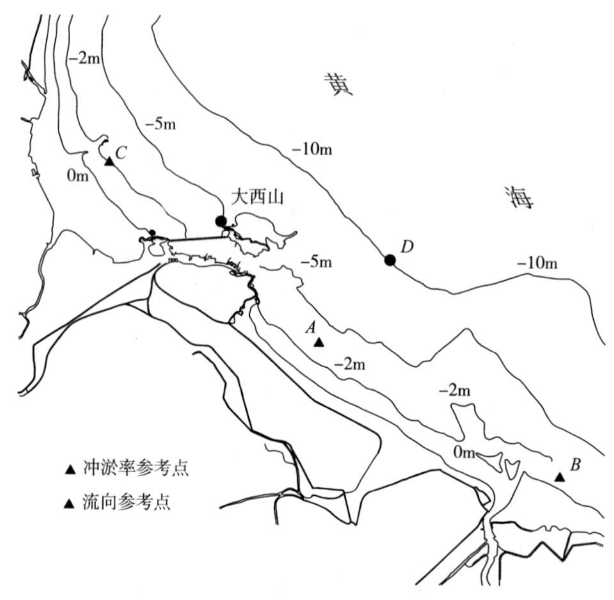

图 6-2　参考点位置示意图

为了加强所选潮型的代表性，在试验中采用 2004 年、2005 年和 2006 三年的潮型进行研究，外海潮位同样由东中国海大模型提供。首先将持续计算一年的冲淤强度折算至小时变化率，并寻找一个在该年中的潮型，能够使得在 A、B、C 三个参考点引起的小时变化率和一年引起的相似，并由此定义其为代表潮。不同 n 条件下，计算结果和所选的代表潮潮差见表 6-1 ~ 表 6-3，其中冲淤率正值代表淤积，负值代表冲刷。潮差统计与分析均以大西山站点为准。从表中可以看出：

n =1.0 冲淤率比较　　表 6-1

参考点	2004 年（mm/h）		2005 年（mm/h）		2006 年（mm/h）	
	整年	代表潮	整年	代表潮	整年	代表潮
A	0.06	0.02	0.04	0.06	0.03	0.04
B	0.00	-0.01	-0.07	-0.09	-0.09	-0.07
C	0.03	0.04	0.03	0.03	0.03	0.05
高于平均潮差（%）	1.91		4.64		9.26	

n =1.2 冲淤率比较 表 6-2

参 考 点	2004 年（mm/h）		2005 年（mm/h）		2006 年（mm/h）	
	整年	代表潮	整年	代表潮	整年	代表潮
A	0.06	0.04	0.04	0.03	0.03	0.01
B	-0.03	-0.06	-0.12	-0.16	-0.13	-0.10
C	0.03	0.02	0.03	0.01	0.03	0.03
高于平均潮差(%)	2.44		6.24		10.70	

n =1.5 冲淤率比较 表 6-3

参 考 点	2004 年（mm/h）		2005 年（mm/h）		2006 年（mm/h）	
	整年	代表潮	整年	代表潮	整年	代表潮
A	0.06	0.08	0.04	0.05	0.03	0.05
B	-0.07	-0.11	-0.18	-0.17	-0.22	-0.20
C	0.04	0.03	0.04	0.02	0.04	0.06
高于平均潮差(%)	4.43		8.22		12.51	

(1)由于年际间的潮流总体条件有出入,从而代表潮潮差相对于当年平均潮差略有浮动,其中增高的幅度以 2004 年最低,2006 年最高。

(2)随着 n 值的升高,代表潮的潮差也相应增大,反映了该值的敏感性。

研究结论显示,代表潮的潮差范围从最小的 1.91% 到最大的 12.51%,较之文献[145, 154, 155]中的研究结论为小(7% ~20%)。这实际上是由于以上学者在研究中关注沙质海岸,在泥沙起动公式的指数项超过 2.0。而在连云港地区,黏性泥沙运动公式中的指数项取用多在 1.0 ~1.5,从而形成这种差异也是合理的。为降低不同年份、不同 n 值带来的差异,在代表潮潮差的选择上,将所有数值进行平均,得到的代表潮差增幅为 6.71%。由于连云港地区的多年平均潮差为 3.33m,因此最终选择的代表潮潮差数值为 3.55m(大西山站点)。

当代表潮的潮差给定后,其次需要保证潮流的流向相似性,以防止出现虚假的对流扩散效应。历史研究表明,连云港地区潮波运动形式为前进型驻波,流速最大值出现在中潮位,而高低潮时流速较低;至外海地区,潮流变为典型的旋转流,流速的变化由水位潮差与流速的相关性很好,即潮差越大,流速振幅越大。实际上,这与 5.4.2 节中关于动量项分析的结论一致。

为了分析流向特征,以 2004 年 6 月至 7 月为例,图 6-3 和图 6-4 所示为大西山站点和外海 -10m 等深线某一计算点 D(位置见图 6-2)的计算潮位、垂线平均流速和垂线平均流向。从图中可见,尽管位置不同,连云港地区潮流运动形态相当规则,不同潮型下流向差异微弱,且潮流流速与当地潮差相关性良好。因此,截取某一自然潮型作为代表潮是可行的。

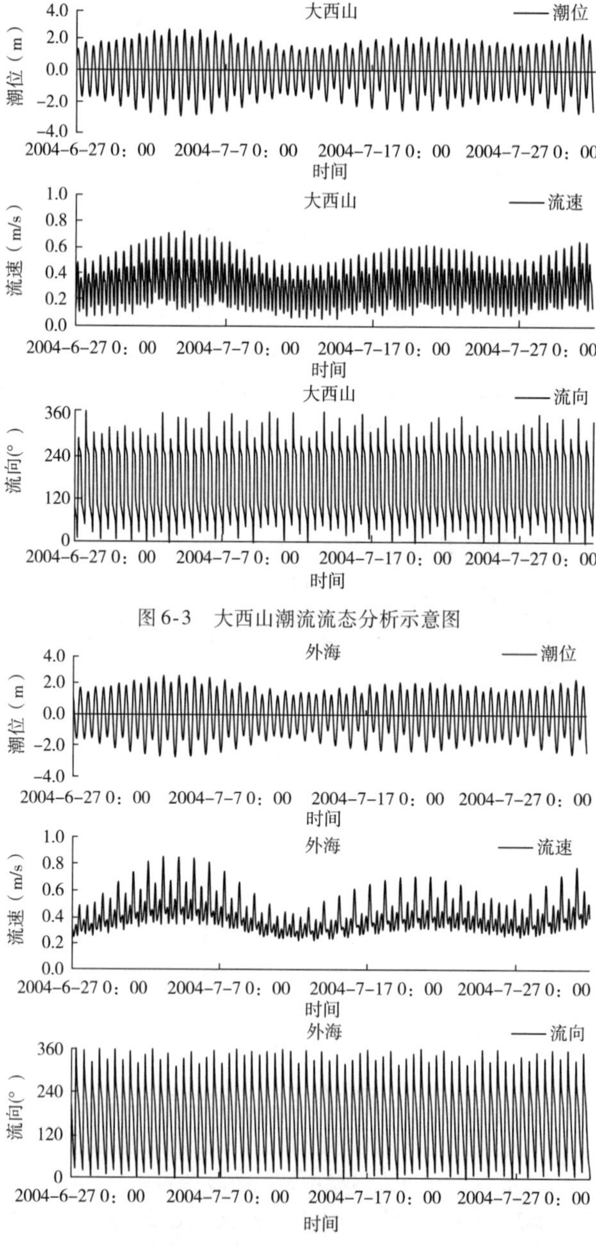

图 6-3　大西山潮流流态分析示意图

图 6-4　外海潮流流态分析示意图

根据 Latteux[145]的研究结论,代表潮的数量和地形有关,复杂地形下可能需要多个代表潮。实际上,经以上数值试验表明,在连云港地区,地形较为平缓,等深线均匀,潮流动力分布均匀。根据表 6-1 ~ 表 6-3 中的对比,显示单个代表潮下各参考点的冲淤变化率与持续一年计算的变化率差异不大,从而认为单个代表潮可以有效满足要求。根据以上讨论,最终选择 2005 年 9 月 9 日 20:00 至 9 月 10 日 08:00 的潮型作为代表潮,具体潮型见图 6-5。

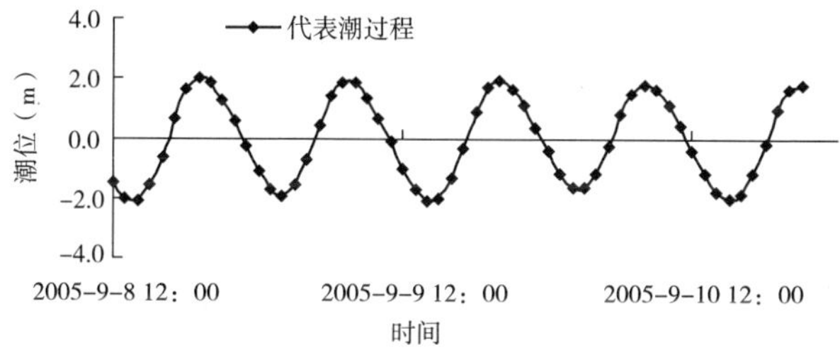

图 6-5 代表潮过程示意图（2005 - 9 - 9 20:00 至 9 - 10 08:00）

6.2.2 代表波浪选择方式

与潮流运动的规则性相比,由于天然的统计特征和不确定性,代表波浪的选择较代表潮更为困难。然而,在长期尺度的背景下,某一当地的波浪总有一个较为确定的分布谱。针对连云港地区,表 4-1 中给出了大西山海洋站 42 年来的波浪分级统计情况。这一分布谱是代表波浪选择的依据。

在当前对代表波浪的研究中,存在以下两种基本思路:

(1)Steijn[146,147]提出的多个代表波浪法(MRW)。其做法为首先按照波浪按波高和波向进行分级,选择出每个级别下的代表浪,并将各个级别的代表浪分别与潮流耦合计算,最终再将其按出现频率加权。

(2)Chesher 和 Miles[148]提出的单个代表波浪法(SRW)。其首先将波高按照出现频率加权,得到一个统计意义上的波浪条件,并直接用这一波浪作为代表波浪直接和潮流耦合计算,得到的结果不需要再加权。

显然的,SRW 方法较之 MRW 方法更加简单,并且也可以大大缩短计算时间。然而,根据文献[143,153]中结论,采用 SRW 方法将会低估较大波浪引起的泥沙响应;而采用 MRW 方式在连云港地区这种复杂的波浪谱条件下又显得难以操作。因此,从另一个角度出发,结合数学理论和实际波浪谱,探讨针对连云港地区代表波浪的选择原则。

从数学角度上分析,波浪动力对水流和泥沙运动规律的贡献主要体现在两个方面:波生时均剩余动量以及波浪引起的底部剪切力。这就使得在代表波浪的选

择上,必须兼顾考虑以上两点。因此,关注以下两个公式:

波生剩余动量公式:

$$M_{ij} \propto EK \propto H^2K \tag{6-1}$$

波浪底部剪切力公式:

$$\tau_w \propto U_b^2 \propto H^2K \tag{6-2}$$

式中:K——方程中的其他项。

剩余动量代表了波浪对水流的影响,而底部剪切力代表波浪对泥沙起动的影响。

注意到,以上两个公式中,波浪的贡献均与波高的平方成比例,也就是说,在数学模型中,输入的波高主要以平方形式反映至控制方程中。因此,在代表波浪的选择中,采用 H^2 作为判据更加合理。实际上,徐啸等人[217]在对曹妃甸岸滩演变的研究中,也指出泥沙的宏观运动和波能更加相关,而波能恰也与 H^2 成比例,这也从一个侧面反映了思路的合理性。

根据以上分析,对波高平方加权,得到表6-4。从表中清晰可见,尽管E向也是连云港地区的常浪向,其波浪累计频率占到18.4%(表4-1)。但是由于较大波高出现的频率低,从而按照波高平方加权后的频率仅占8.87%。而NE向和NNE向的 $H_{1/3}^2$ 频率占到绝对优势,并基本相等,分别为30.84%和32.76%,而其他方向的 $H_{1/3}^2$ 频率均不足10%。

大西山海洋站波高平方分布权重 表6-4

$H_{1/3}^2$ (%)	0~0.5m	0.6~1.0m	1.1~1.5m	1.6~2.0m	2.1~2.5m	2.6~3.0m	3.1~3.5m	3.6~4.0m	≥4.1m	合计
N	0.152	1.405	2.698	2.576	1.464	0.432	0.075	0.000	0.065	8.87
NNE	0.544	5.706	9.569	8.071	4.294	1.944	0.264	0.251	0.194	30.84
NE	1.348	9.028	9.918	6.988	3.399	1.391	0.377	0.251	0.065	32.76
ENE	0.574	3.008	2.385	1.351	0.479	0.270	0.075	0.100	0.000	8.24
E	1.475	4.544	1.635	0.301	0.127	0.054	0.000	0.000	0.000	8.14
ESE	0.417	1.444	0.396	0.087	0.018	0.000	0.000	0.000	0.000	2.36
SE	0.015	0.038	0.022	0.000	0.000	0.000	0.000	0.000	0.000	0.08
SSE	0.001	0.006	0.000	0.000	0.000	0.000	0.000	0.000	0.000	0.01
S	0.002	0.010	0.000	0.000	0.000	0.000	0.000	0.000	0.000	0.01
SSW	0.000	0.000	0.000	0.000	0.000	0.000	0.000	0.000	0.000	0.00
SW	0.006	0.014	0.000	0.000	0.000	0.000	0.000	0.000	0.000	0.02
WSW	0.010	0.004	0.000	0.000	0.000	0.000	0.000	0.000	0.000	0.01

续上表

$H_{1/3}^2$ (%)	0 ~ 0.5m	0.6 ~ 1.0m	1.1 ~ 1.5m	1.6 ~ 2.0m	2.1 ~ 2.5m	2.6 ~ 3.0m	3.1 ~ 3.5m	3.6 ~ 4.0m	≥4.1m	合计
W	1.363	1.538	0.123	0.011	0.000	0.000	0.000	0.000	0.000	3.03
WNW	0.168	0.610	0.198	0.022	0.018	0.000	0.000	0.000	0.000	1.02
NW	0.100	0.815	0.695	0.208	0.090	0.054	0.038	0.000	0.000	2.00
NNW	0.050	0.685	1.043	0.716	0.090	0.027	0.000	0.000	0.000	2.61
合计	6.225	28.854	28.683	20.331	9.979	4.172	0.830	0.603	0.323	100.00

基于以上分析，在计算中可以忽略较小权重的波浪方向，而选用 NE 向和 NNE 向作为两个代表波向，至于各自的代表波高则可以按照出现频率按照平方关系加权得到，从而形成了两个代表波浪条件，可以按照 MRW 方式进行计算。

然而，注意到在连云港地区，两个代表波浪的权重接近相等，并且波向差异仅在 22.5°，因此，按照 SRW 方式又可以很好的组合为一个代表波浪。再次按照 NNE 和 NE 向的出现频率对两个代表波浪加权，最终所选择的代表波浪条件见表 6-5，其中波浪周期按图 5-1 中的推算关系求得。值得特别指出的是，文中所取代表波浪的有效波高为 0.72m，超过年平均波高。这一点实际反映了较强波浪在对泥沙运动中的贡献。

根据以上对代表动力，包括代表潮和代表波浪的研究，使得对连云港地区的长期水沙运动模拟成为可能，其提炼了宏观规律，并且节省了计算时间，是切实有效的。

代表波浪输入条件 表 6-5

大西山 $H_{1/3}$ (m)	波向 D (°)	波周期 T (s)
0.72	36.5	3.48

6.3 特征含沙量概念的提出

底床泥沙在波浪与潮流的联合作用下与上层水体不停交换，是一个永恒、连续的过程，所形成的含沙量数值与水动力条件、底床泥沙特性均有关。在连云港地区，外部泥沙来源数量较少，从而含沙量的高低取决于当地水动力条件，特别是当地波高。

在对连云港地区含沙量分布的研究中，金鏐等人[193]曾对向岸风条件下的大西山海洋站实测 $H_{1/10}$ 波高和羊山岛测站的同期实测垂线平均含沙量数据进行了对比观测，见图6-6。从图中可以看出，在大西山同一波高条件下，垂线平均含沙量有高有低。这一现象当然与实测时的潮流强度、波浪、底质泥沙条件、测量仪器等多方面有关，反映了自然的统计性，也从另一个侧面证实了实测资料的噪声效应。

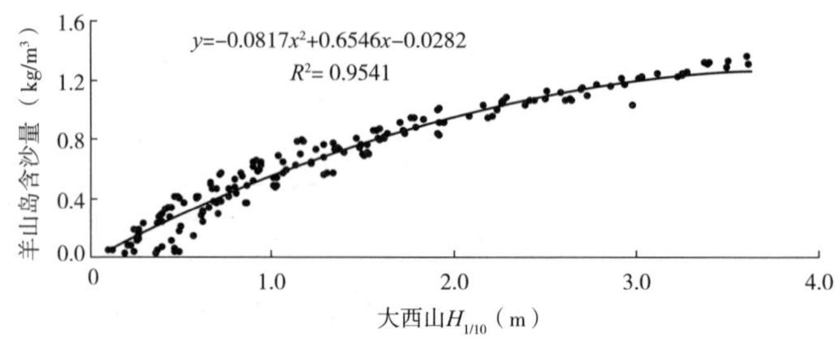

图6-6　向岸风条件下大西山波高与羊山岛含沙量相关性

但是，图中也反映出一个十分清晰的宏观规律：在某一特定等级的波高条件下，含沙量的平均数值虽然略有浮动，但从统计的角度来看仍在一个范围内，波高越大，含沙量相应越高。将实测资料拟线后，发现这种波高与含沙量之间的相关性 R^2 达到0.9514之高。这实际上隐含说明了在连云港地区，就对含沙量的贡献而言，潮流动力相较之波浪动力处于弱势。需指出的是，随着波高的增大，含沙量的梯度却有一定的平缓趋势，如波高从1.0m变化至2.0m时，含沙量数值的增大反较2.0m升至3.0m时更多。这一现象实际也可由图6-1解释，由于天然泥沙的抗冲强度随泥面下深度而急剧增加[121]，从而尽管大浪条件底部剪切力以二次方形式增大，但当表层泥沙起动后，下层泥沙的起动临界剪力也相应增大，因此底床泥沙并非可随波高增大而无限起悬进入水体。这一点也提醒我们在泥沙模型的率定中，必须对底床进行分层，区分不同深度的泥沙力学特性，否则将不能反映这种“有限冲刷”[120]的内在机理。

从理论上进一步分析，决定含沙量高低的近底通量项直接受制于波流叠加后的底部剪切力数值。根据文献[195]中的探讨，在水深较浅区域，波浪形成的底部剪切力远超过潮流，从而起控制作用。因此，波高与含沙量之间能够得到如此良好的相关性也是在理论上合理的。无独有偶，Lou和Ridd[218]在对澳大利亚Cleveland海湾的研究中，发现当地泥沙颗粒中值粒径小于0.04mm，也基本属于淤泥质海岸，同时含沙量和当地波高也有很好的关系，与连云港海域十分相似。这一结论进一步反映了在淤泥质海岸，波浪条件与含沙量的关系较潮流更为明确是具有共性的。

根据以上对尺度的分析，结合考虑到当地波高和含沙量的良好关系，利用图6-6中的拟线公式，计算出5级浪至10级浪条件下的含沙量数值。这一含沙量并不对应于任一单次测量时刻,而是类似浪况下的平均值,因此具有代表意义。在应用中,笔者定义表6-6中对应某一波高的含沙量数值为当前浪况级别下的“特征含沙量”。

各级风况下特征含沙量及长期特征含沙量数值　　表6-6

波浪条件	5级浪	6级浪	7级浪	8级浪	9级浪	10级浪
大西山 $H_{1/3}$(m)	0.53	0.82	1.20	1.66	2.20	2.85
羊山岛特征含沙量(kg/m^3)	0.28	0.43	0.61	0.80	0.98	1.14
羊山岛长期特征含沙量(kg/m^3)	0.37					

然而,单个浪况下的特征含沙量并不能涵盖长时间尺度的水沙信息。因此,根据表4-1中根据大西山海洋站40余年的波浪实测数据,对各种浪况下的代表含沙量按照波浪出现频率进行加权,得到羊山岛的加权平均含沙量为0.37kg/m^3。由于用以推算的波浪数据是在几十年的尺度上,因此称这一数值为“长期特征含沙量”。我们认为,从哲学辩证关系上讲,根据统计关系分析得到的长期特征含沙量实质上涵盖了在各种波浪条件下、过滤了单次泥沙条件不同、潮型不同以及测量仪器不同等原因引起的噪声,因此反映了宏观的、在多年的时间尺度上的水沙对应关系。

必须指出“特征含沙量”是一个概念值,是从大量、长期的实测数据中分析提炼出来的,而并不与任何一次实测数值相对应,因此带有“平均”的意味。特征含沙量概念的提出可将长时间尺度的水沙运动响应定量的联系起来,是联系长周期水动力与长周期泥沙运动的纽带。

为了进一步明确特征含沙量的背景含义,将特征含沙量数值0.37kg/m^{3}代入图6-6中的波高-含沙量关系中,得到的 $H_{1/3}=0.71$m,这与代表波高 $H_{1/3}=0.72$m 几乎相等。这一结论首先证明了在连云港地区,波浪与含沙量的长期对应关系是稳定的;其次也证实了所选代表波浪的合理性。

6.4 年平均含沙量的应用

根据以上分析,特征含沙量从当地波高—含沙量的拟线关系出发,在统计意义上联系了波浪与含沙量的宏观规律,并可与代表波浪直接联系起来,具有清晰的理论意义。然而,在实际应用中,特征含沙量的推算需要相当长度的波浪、含沙量同期观测资料,但这一资料在现场极难收集。例如,在连云港当地,能够有效推算特征含沙量的站点仅有羊山岛,这就对把握特征含沙量场的大范围形式带来困难。

事实上,在海岸泥沙研究中,广泛存在另一种长时间尺度的含沙量形式——年平均含沙量，其为某一测站一年中实测垂线平均含沙量的算术平均值。从尺度概念上讲，年平均含沙量也表达了当地泥沙运动的宏观特征，并可在一定程度上过滤尺度噪声和资料噪声。与长期特征含沙量相比，年平均含沙量资料容易获得，且资料量较为丰富。根据表4-2，连云港地区在大西山、羊山岛、油码头等地均有年平均含沙量资料，此外在临洪河口、灌河口、徐圩和灌西盐场等地也有较为明确的经验值。如能有效利用这些数值中的潜在信息，则可以更加有效地对模型进行检验，保证模拟的合理性。

年平均含沙量从数理上讲是一种线性平均。然而根据图6-6，波浪与含沙量之间的关系并非是线性的，而是近似有二次方关系。因此，年平均含沙量将大浪天气的含沙量与常风天气的含沙量直接算术平均，将会在某种程度上低估大浪对含沙量的贡献。因此，根据推测，年平均含沙量应更加对应常浪天气条件，但其难以与某一特定的波浪等级相关联，这就为与其对应的波浪输入条件带来一定困难。尽管如此，年平均含沙量也切实在一定程度上反映了当地泥沙运动的宏观规律，具有应用价值。为了能够有效应用这一同样“面向表现”的变量，充分发挥资料的效用，其关键问题便归结于如何分析并寻找与之近似对应的水动力条件，特别是波高条件。

按照表4-2中的统计，羊山岛测站的年平均含沙量为0.243kg/m^3，如将其代入图6-6中的关系反算，得到对应的大西山 $H_{1/3}$ 波高为0.46m，明显小于代表波高0.72m，但与常风天波高较为接近。由此看来，年平均含沙量的确忽略了大浪的作用，从而对应了接近常浪天气的波浪等级。实际上，笔者在以往工作中曾应用年平均含沙量的概念对连云港地区的航道回淤现象进行研究[197-201]。其中在模拟连云港地区徐圩位置的进港航道回淤强度时，也发现基于年平均含沙量计算所得的年回淤强度在常年破波带附近偏低[205]，证明了年平均含沙量可低估大浪天气的贡献，也佐证了研究结论。

如深入讨论，长期特征含沙量由于充分考虑了波高与含沙量间的非线性关系，从而近似对应了同样以波高非线性加权求得的代表波高条件。至于年平均含沙量，由于采用了线性平均、低估了大浪掀沙效应，因此在选择对应波浪条件时亦不应采用波高平方加权的方式。重新分析表4-1中的波浪玫瑰谱，并对波高频谱同样利用线性关系进行加权计算，得到平均波高 $H_{1/3}=0.47$m。可喜的是，这一数值恰与按年平均含沙量结合波高——含沙量关系直接反算的波高数值十分相近。

在数学角度上深入分析，得到这一结论并不奇怪。实际上，对波高进行线性加权的方式同样低估了大浪对底部切力的贡献，从而得到的平均波高更偏向于常浪条件；而年平均含沙量的线性平均同样低估了大浪的掀沙效果。因此，虽然两者在理论关系上并不像长期特征含沙量与代表波高那样严格对应,但仍体现出相对的和谐性。

由此可见,在连云港地区,年平均含沙量与加权平均波高的关系也是较为良好的,从而亦可作为宏观水沙运动的联系纽带。应指出,在笔者的早期科研工作中,在波浪条件的输入上,便是采用了线性加权波高数值[197-201]。因此,也从理论上深入证明了以往思路的有效性。

6.5 率定与验证思路

根据以上讨论,特征含沙量(长期特征含沙量、各级浪况下的特征含沙量)概念清晰明确,反映了长期水动力和长期泥沙运动的关系,这一变量可以过滤单次过程资料的尺度与资料噪声,因此可以作为泥沙模型有效性,包括率定和验证的首要参考变量。此外,年平均含沙量虽相对粗糙,但其资料更易获得,而且经过研究,发现在连云港地区,其与线性加权平均的波浪条件关系也能够接受,同时由于其资料丰富、更易获得,可与特征含沙量相互补充。

长期特征含沙量与年平均含沙量中均含有各级波浪与潮流作用下的长期统计信息。如果作为率定依据,可以有效过滤单次短尺度测量引起的噪声,并且控制宏观水沙运动规律。在此依据下率定得到的参数自然也带有统计平均的意义,并在一定程度上削弱了单次测量泥沙底质力学特性的不清晰。不过,由此率定的参数是在宏观尺度上得到的,在单次条件下的表现力究竟如何,需要其他数据的支持。模型验证选用分级波浪条件下的特征含沙量作为参考。

在更抽象的层次上讨论,可用一张概念图来比较本书中和传统的率定/验证思路,见图6-7。根据图示,横、纵轴分别代表时间和空间,散点代表某一时间、空间位置的实测含沙量信息,以实测值为圆心,半径代表实测资料中由于噪声引起的误差,实线代表理论解或真实解,阴影区域代表数值解的可能位置。

从图6-7a)中可见,通常采用的"面向过程"率定验证思路中隐含的哲学实际是"外延"的思想,其应用单次或几次实测的短期含沙量过程线对模型进行率定和验证,并用其得到的信息去预报,或者说模拟其他波浪、潮流或人为工程条件下的水沙运动规律。由于每个单次测量的时间过程均含有一定的噪声,而这一噪声的强度并不能事先评价,这就使得每个圆形区域的半径不一致,特别是其方向也难以预计。形象地讲,即为所测数值是偏大还是偏小,偏差有多少都不能确定。因此,即使有多次资料支持,传统思路得到的可能数值解区域仍和真实解存在较大的潜在误差。

图6-7b)中是本书提出的率定验证思路,其隐含的思想是"内插"。采用建立

在长期观测条件下的实测资料进行分析，首先从宏观尺度出发，提炼其规律，并由此进行率定，所得到的噪声可以通过数值处理的手段削弱，从而首先把握阴影区域的范围，即是缩小了可能的误差范围。在此基础上，在已经把握了宏观特征的基础上，利用各等级动力所对应的、同样削弱了噪声的特征变量对模型进行验证。可以设想，如果验证得到的特征值和实测资料推算的特征值吻合，则是宏观尺度向较小尺度工况的内插，这样的方式可以限制误差的放大，保证模拟结果的有效性。

从数理的角度，“内插”的概念往往较之“外延”具有更加高的精度。所以，文中提出的率定/验证思路应较传统思路更加可靠。

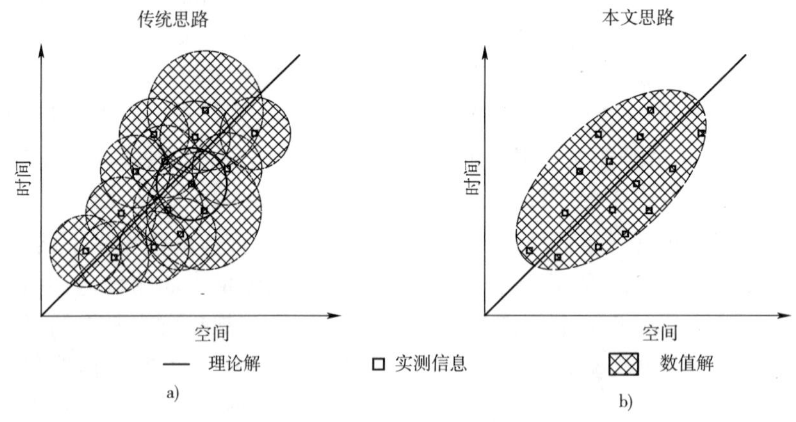

图6-7　两种率定/验证概念示意图

需要补充指出的是，由于实测站点毕竟是极其有限的，因此，在大范围计算中，我们不可能分析出所有计算节点的特征含沙量、年平均含沙量具体数值。同时，在淤泥质海岸的悬沙运动中，除了含沙量数值之外，其分布趋势也是十分重要的。这就需要对计算得到的特征含沙量平面分布场也进行把握。由于大范围数据的缺乏，采用卫星图片作为参考不失为一个方法。

下文将按照上述的率定/验证思路对模型有效性进行检验。在统计中，特征含沙量的模拟值采用代表潮下的潮均值[145]。

6.6　模型率定情况

根据以上对率定/验证思路的探讨，在模型率定中，为了能够避免短期资料所含噪声对宏观特征性的干扰，采用长期特征含沙量配合年平均含沙量作为依据。此外，在模型率定中，还存在一个比较有力的依据，那就是进港航道的年际回淤强

度和分布情况。从理论上讲,航道的回淤是在年的尺度上才能得到反映,其涵盖了各种波浪、潮流、泥沙条件下的信息,含有长时间尺度的统计特征,规律较短期水沙响应更加清晰。

在参数率定时,重点把握以下三点原则:

(1)长期特征含沙量的数值;

(2)年平均含沙量场的数值与分布趋势;

(3)进港航道的年际回淤强度。

在对临界冲刷切应力 τ_{ce} 的率定中,根据图4-5和表4-4中反映的宏观底质分布情况,认为 τ_{ce} 在较大海域的模拟中应有空间分布,而不应对整个场取常值。经分析,连云港地区近岸水深较浅处,特别是在常年破波带内泥沙冲淤频繁,从而难以充分固结,泥沙抗剪强度较低,应有较小的 τ_{ce}。Dyer 等人[219]在研究中发现,在经常冲淤的地区,往往在表面形成一层"绒泥"(Fluffy Mud),极易起动。至外海区域,由于泥沙颗粒较粗,且水深较大,波浪难以直接起动泥沙,从而固结程度较高,使得起动临界剪力也较大。此外,根据 Maa 和 Sanford 的研究,τ_{ce} 随泥面下深度显著变化,当底床冲刷仅 1cm,τ_{ce} 则可增大 0.8Pa 之高。这一点也可由图6-1中的重度钻孔资料所反映,其显示表面重度变化梯度较下层大得多。因此,在模拟中必须针对底床进行分层,而不应采用常值。最终得到的参数取值见表6-7。值得指出的,这一参数取值范围与以上对代表潮数值算例中的取值在同一范围内,这也反向校核了代表潮潮差的有效性。

泥沙模型相关参数率定情况　　表6-7

参　数	厚度(cm)	τ_{ce}(Pa)	a_0	T_d(d)	τ_{cd}(Pa)	m	n
第1层	2.0	0.08~0.4	2.0~4.0	1	0.05~0.12	1.0	1.0~1.5
第2层	10.0	0.6	2.0	3			1.0
第3层	100.0	0.8	2.0	7			1.0

6.6.1　长期特征与年平均含沙量场

模型率定中,首先要把握长期特征含沙量数值的准确性,其次应保证年平均含沙量的数值量级与分布形式。经以上讨论,在长期特征含沙量的计算中,取输入波高为代表波高为0.72m;在年平均含沙量的计算中取输入波高为加权平均波高为0.47m。

经调试,最终得到的羊山岛长期特征含沙量数值为 0.36kg/m^3,与推算值 0.38kg/m^3 达到很好的一致性。年平均含沙量场率定结果见表6-8。计算长期特征含沙量场形式与计算年平均含沙量场形式分别见图6-8和图6-9。图中反映出

以下几点特征(以长期特征含沙量为例):

实测年平均含沙量与计算值比较(单位:m) 表6-8

站　点	大西山	油码头	羊山岛	临洪河口	徐圩	灌西盐场	灌河口外
年平均值	0.218	0.157	0.243	0.30~0.50	0.4左右	0.6左右	0.80~0.90
计算值	0.242	0.168	0.274	0.37~0.44	0.47	0.623	0.827

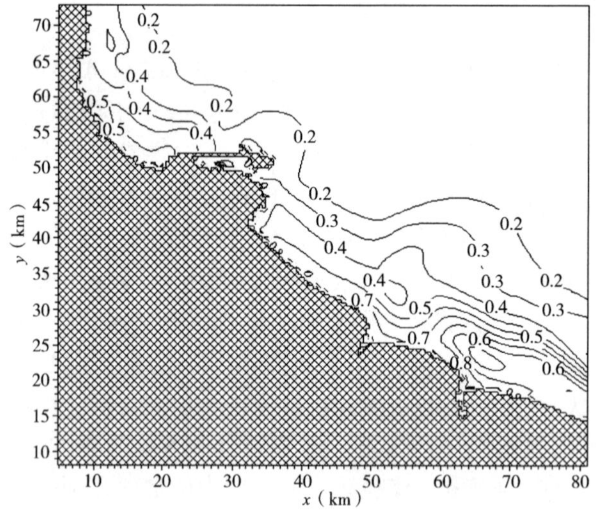

图6-8 长期特征含沙量平面分布

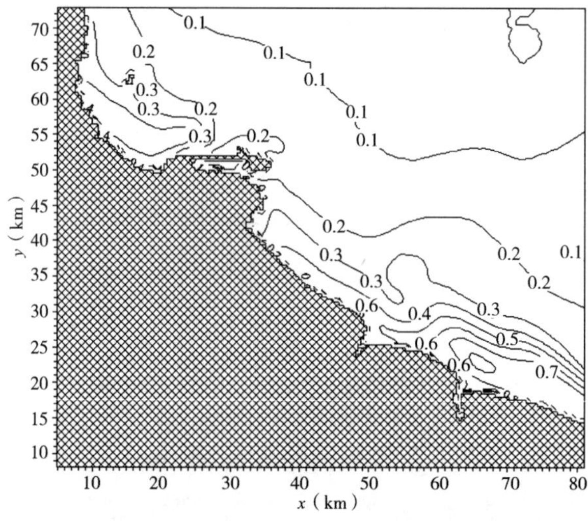

图6-9 年平均含沙量平面分布

(1)含沙量呈近岸高,外海低的趋势,高含沙水体贴岸运动,含沙量等值线有与等深线平行的趋势。

(2)计算区域内存在两个明显的高含沙量区:一个位于灌河口外,其长期特征含沙量在 1.0kg/m³ 左右;另一个位于临洪河口至西墅湾一带,其长期特征含沙量约 0.5kg/m³。根据分析,这两个区域水深最浅,从而波浪触底掀沙效应最强,特别是根据对流场的分析,表明灌河口东侧的潮流流速较高,从而在较强水动力的条件下形成较高的含沙量。由于埒子口处的地形等深线向外海探出,从而含沙量场也在该处形成一个尖角状的分布。

(3)自灌河口至连云港水域,含沙量呈现南高北低的分布特点。灌河口东侧浅滩特征含沙量为 0.9~1.0kg/m³,到徐圩降为 0.5~0.6kg/m³,再到大西山时仅为 0.2~0.3kg/m³。由此可见,含沙量场分布反映了灌河口相对较高浓度的含沙水体有沿岸向海州湾南部湾顶输移和近岸高含沙水体向外海扩散的趋势。这与虞志英等人[183]、陈德昌等人[192]和金鏐等人[193]的研究成果一致。

此外,为了进一步从定性上说明所率定长期特征含沙量场的合理性,采用卫星遥感图片作为对比,见图 6-10 和图 6-11。当然,遥感图片毕竟误差较大,并且是某一次测量的数值,从而所得含沙量数值不足作为对比的标准,在比较时应重点关心其分布趋势和含沙量的高低相对关系。比较结果反映,所计算含沙量场形态与遥感形态基本一致,所得到的高含沙量位置位于灌河口外和临洪河口处,并体现出由南向北的泥沙运移趋势。埒子口处体现出一个含沙量的尖角。

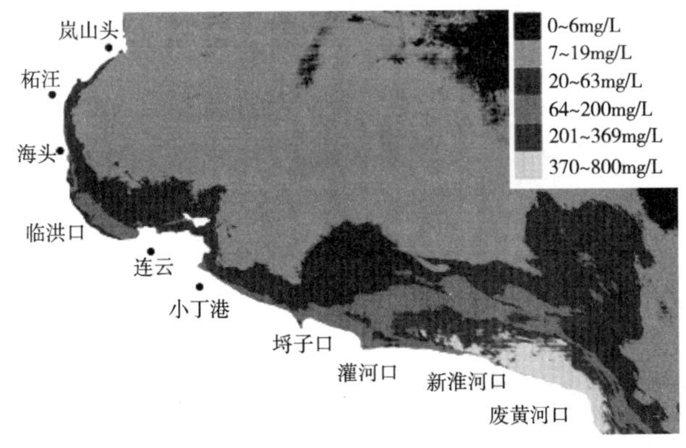

图 6-10 2005 年 6 月 2 日中潮、涨潮连云港悬浮泥沙遥感定量反演图

由以上率定结果可知,连云港海域水沙模型计算得到的长期特征含沙量场与年平均含沙量场,其控制区域含沙量数值与实测资料吻合较好,且泥沙运动趋势与

以往研究成果一致,显示模型的泥沙参数选取合理。

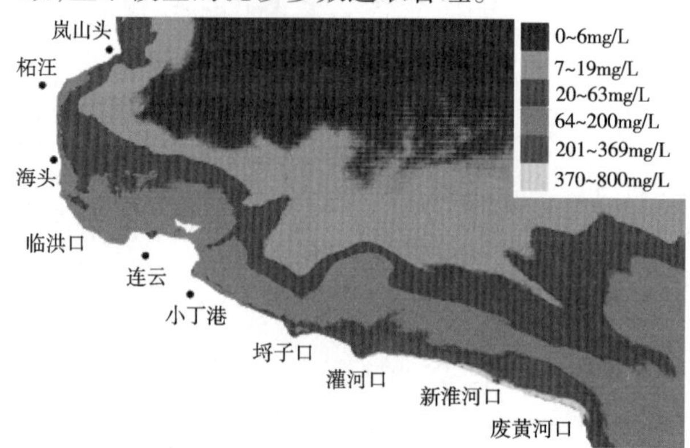

图6-11　2005年6月2日中潮、落潮连云港悬浮泥沙遥感定量反演图

6.6.2　7万t级航道年际回淤

进港航道的年际回淤涵盖了长时间尺度的水沙信息,是一个模型率定的有力参考。在连云港地区,进港航道在历史上经历了一系列的发展阶段,其中航道等级从5000t级至3万t级,再至5万t级、7万t级一直到现有的15万t级。目前,25t级甚至30万t级航道也在论证过程中。图6-12为进港航道的平面布置示意图。进港航道分为内航道和外航道两个部分。

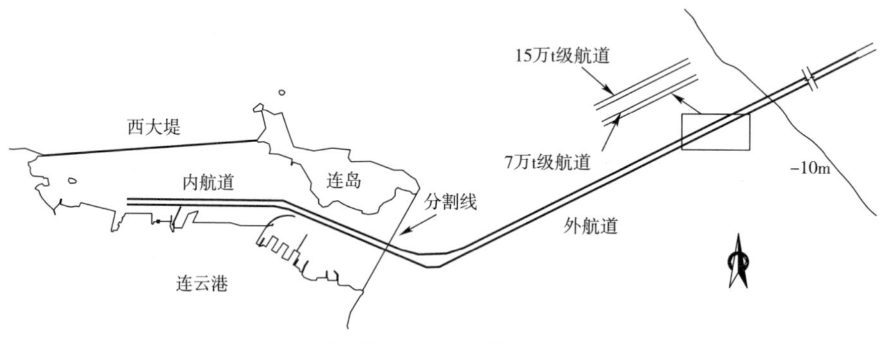

图6-12　连云港地区进港航道平面布置示意图

1997年至2007年间,航道等级为7万t级。在对航道疏浚维护的过程中,2001年12月和2002年12月,分别对航道水深进行了两次勘测。在收集地形测图后,经折算得到一年的航道回淤强度。此外,为了适应更大船型,自2007年底,连云港地区进港航道开工扩建为15万t级。截止到目前,15万t级航道已接近竣工。在施工过程中,曾于2007年12月和2008年4月分别对该航道进行两次水深测

量。为了标准化，利用这两次测图相减，并作线性外插亦折算得到一年回淤强度。7 万 t 级和 15 万 t 级航道的详细尺寸见表 6-9（表中高程为当地理论基面）。

连云港地区进港航道规模与尺寸　　表 6-9

阶　段	时　间	航道等级	底高程（m）	边　坡	宽度（m）	长度（km）
I	1997～2007	7 万 t 级	−11.5	1∶7	170	17.5
II	2008 至今	15 万 t 级	−16.5	1∶10	230	25.0

为了详细分辨航道尺寸，在计算中将局部网格加密至 40m × 40m。图 6-13 以 7 万 t 级航道为例给出了局部加密后的模拟地形图。在计算中，潮位、分层流速和含沙量分层边界条件可由以上的较大尺度模型提供。计算中，采用对应代表波浪的输入条件进行模拟。由于对应了长期特征含沙量条件，因此对应的回淤强度称为长期特征回淤强度。

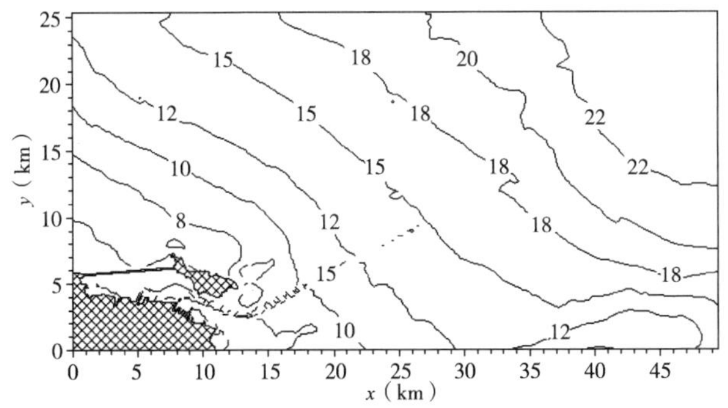

图 6-13　7 万 t 级航道局部模型计算地形图

图 6-14 中比较了 7 万 t 级航道年际回淤实测值和计算特征回淤强度，零点位置为图 6-12 中的分割线。图中可见，模拟得到的年特征回淤强度，无论是绝对值还是分布趋势，均与实测值达到很好的相关度。回淤强度和分布体现出以下特征：

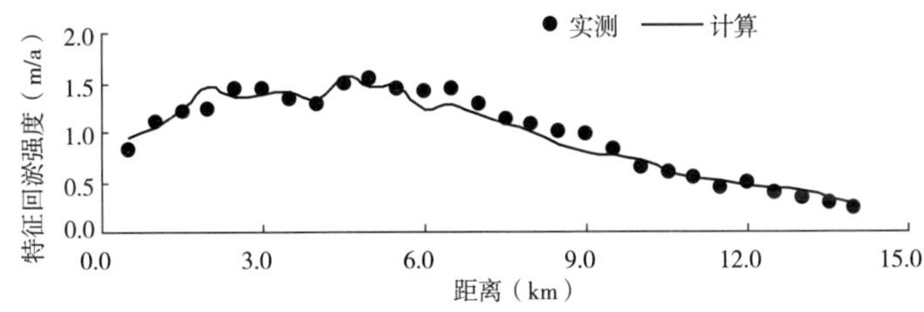

图 6-14　7 万 t 级航道长期特征回淤强度率定

(1)回淤强度沿航道里程大致呈先增后减的趋势,回淤峰值位置与含沙量峰值位置相近。图中显示,回淤强度在航道里程为4500~5000m时最大。这是由于该航段处在连云港地区的沿岸输沙主通道,含沙量数值较高,而向口门内外和外海,含沙量逐渐降低。

(2)回淤强度向外海逐渐降低。其原因有二:一是含沙量逐渐向外海减小;二是浅滩水深逐渐加大导致航道挖深比逐渐增大,航道内底层流速已与滩面差异很小。至航道末端回淤强度已十分微弱。

6.7 模型验证情况

在模型验证中,采用三点依据作为参考标准,其中包括:不同分级波浪条件的特征含沙量;15万t级航道年回淤强度;2007年9月韦帕台风实测波浪、含沙量数据。在验证计算中,保持所率定的参数不变。

6.7.1 各级浪况下特征含沙量

改变外部输入的特征波浪分级条件,计算得到各特征波浪条件下的含沙量情况。羊山岛特征含沙量验证见表6-10。表6-10中反映出,各级特征浪况下的含沙量垂线平均值均与按实测长期关系的推算值较为接近,反映了所率定参数的有效性。从理论上讲,由于在长期特征含沙量的率定中,参数中已经涵盖了各级浪况下的泥沙信息,因此"内插"的精度较高也是合理的。

各级波浪条件下羊山岛计算特征含沙量与实测推算值比较 表6-10

特征含沙量(kg/m^3)	5级浪	6级浪	7级浪	8级浪	9级浪	10级浪
推算值	0.28	0.43	0.61	0.80	0.98	1.14
模拟值	0.24	0.39	0.48	0.63	1.00	1.32

从工程应用的角度来讲,由于在多个特征波浪的条件下均控制了模拟和实测的相似性,并抽炼出宏观的对应关系,从而在此参数基础上进行其他工况计算(如更换潮型、波浪条件、岸线和工程建筑物形式)时,模拟误差并不会过分放大,较之以往"面向过程"的模拟思路,可以更好地保证精度。

为了分析所模拟的各级波浪条件下特征含沙量分布趋势,考虑到节省篇幅,以5级浪、7级浪和10级浪为例,见图6-15~图6-17。图中显示出以下两点规律:

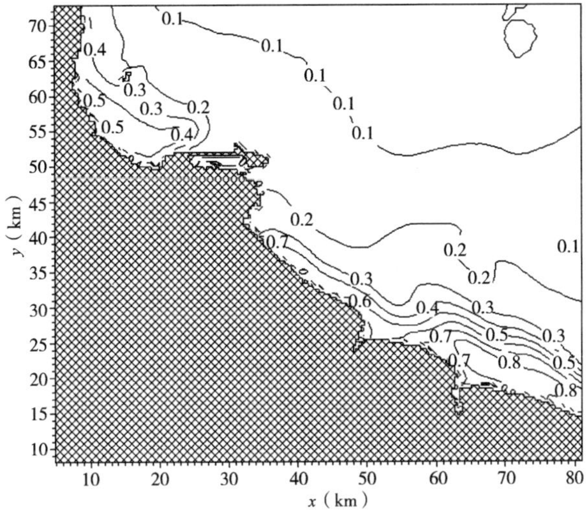

图 6-15　5 级浪特征含沙量平面分布

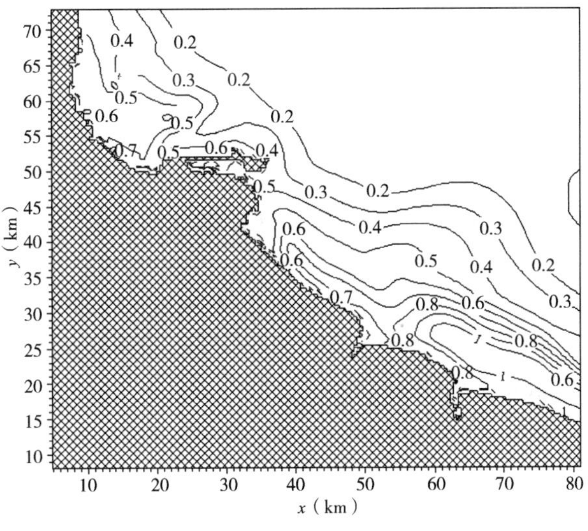

图 6-16　7 级浪特征含沙量平面分布

(1)当波浪较小时,含沙量分布趋势较为一致,5 级浪和 7 级浪条件下的含沙量等值线走向相似,并均与等深线近似平行。高含沙量区域相同。随着波高的增大,含沙量数值整体升高,相同等值线的位置向外海推移。

(2)当波浪级别达到 10 级时,图 6-17 中显示出含沙量分布较为凌乱,且不再与等深线平行。这一现象可由波生流现象解释,将在第 7 章中详细讨论。

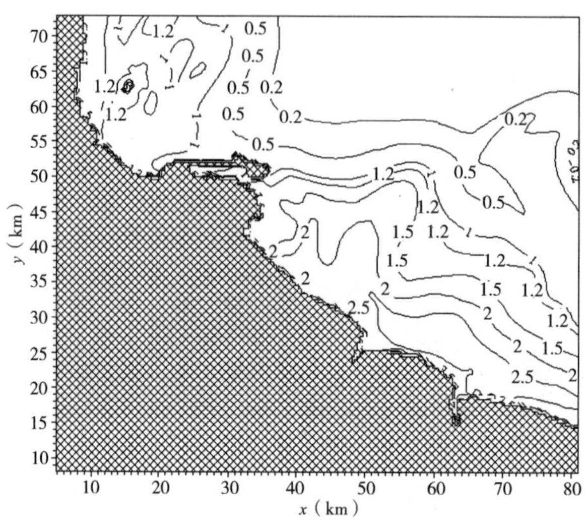

图 6-17　10 级浪特征含沙量平面分布

6.7.2　15 万 t 级航道年际回淤

根据 2007 年 12 月和 2008 年 4 月的航道水深测图,在代表潮和代表波浪的计算条件下模拟了 15 万 t 级外航道的回淤情况。验证见图 6-18。图 6-18 中显示,所模拟的特征年回淤强度总体来讲较实测推算值低。分析其原因,认为由于所采用的实测资料长度仅为 4 个月,没有达到长期特征动力所要求的尺度,因此代表性不强。此外,一个重要原因在于该回淤数据是在冬季测得的,而在连云港地区,冬季在北风和东北风的作用下,寒潮天气较多,从而形成的回淤应较夏季更高。所以,模拟的特征年回淤强度比实测值偏低是合理的。尽管如此,图 6-18 中仍然反映出所模拟的回淤分布与实测值十分接近。

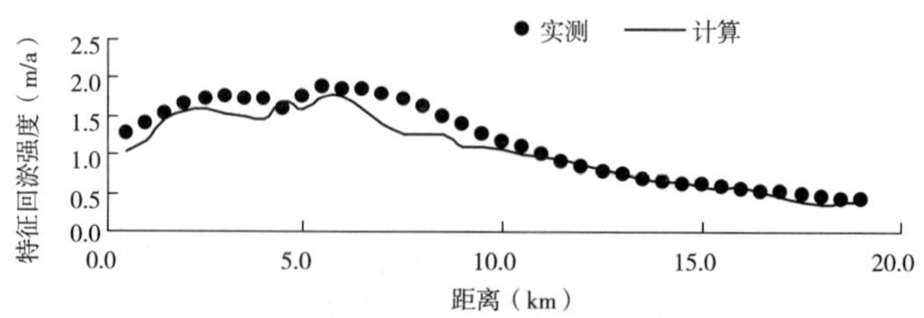

图 6-18　15 万 t 级航道年特征回淤强度验证

6.7.3 韦帕台风含沙量

2007 年 9 月 18 日至 20 日,台风韦帕(WHIPA)经过连云港海域。图 6-19 中绘制了同期大西山海洋站测得的风力资料,包括风速和风向。图中可见,在 9 月 20 日 1:00 至 9 月 20 日 11:00,风速范围大致在 NE 向与 N 向,与选择的各级代表波浪方向相仿。因此,在对比中,采用以上台风韦帕的观测数据对结果进行分析讨论。

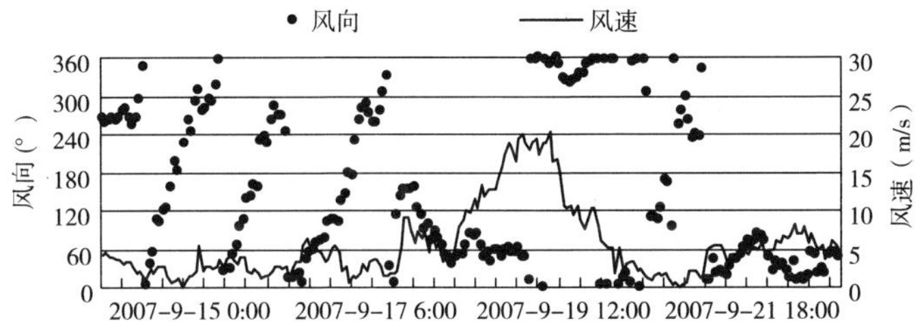

图 6-19 韦帕台风期间大西山风速、风向情况

交通运输部天津水运工程科学研究院在徐圩地区布置两个测点对台风期间波浪、含沙量和潮流参数进行了同期测量,其中测点布置分别位于 -3m 等深线和 -5m 等深线处,见图 6-20。每个临时测站均在垂向布置三个取样点,分别为表面下 0.5m,底面上 1.5m 和底面上 0.5m,详细测量仪器信息和过程数据等可参见文献[206],这里不再重复给出。由于台风韦帕是单次水沙事件,因此按照上文分析,实测得到的含沙量数据必然含有各种噪声。但是,文中仍将其作为一个参考值对模型进行验证,因为其可对特征含沙量在某次特定水动力事件中的表现性进行检验。

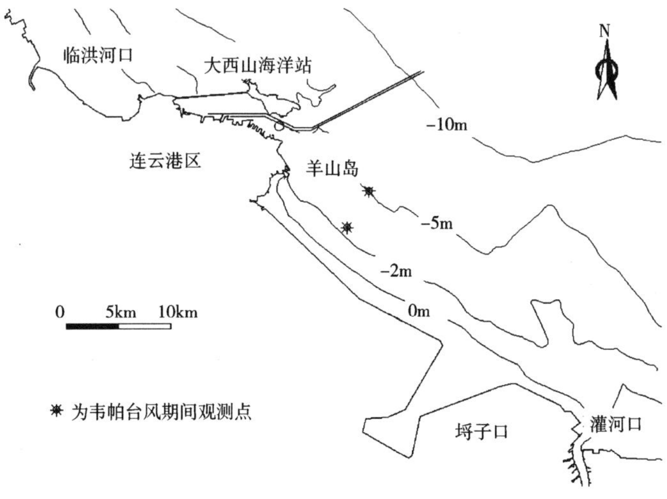

图 6-20 韦帕台风期间实测点位置示意图

表6-11中比较了台风期间两个观测站点实测波高数值与模型计算各级波浪特征值,反映出韦帕期间的波高大致在8~10级浪。图6-21中给出了所计算特征含沙量与实测含沙量的垂线数值。根据比较,可以看出在台风期间,实测含沙量数值与特征值之间虽存在一定差异,但特征值仍在实测值的包络范围内。实际上,根据以上讨论,特征含沙量数值并不对应任何一个单次水沙事件,而更是一种宏观规律,并且单次台风数据存在噪声,因此存在数值差异是必然的。

韦帕台风实测波高与计算分级波高比较 表6-11

$H_{1/3}$波高(m)				
测　点	实测值范围	计算特征值		
		8级浪	9级浪	10级浪
-3m	1.65~2.49	1.68	2.12	2.68
-5m	1.90~2.75	1.92	2.51	2.87

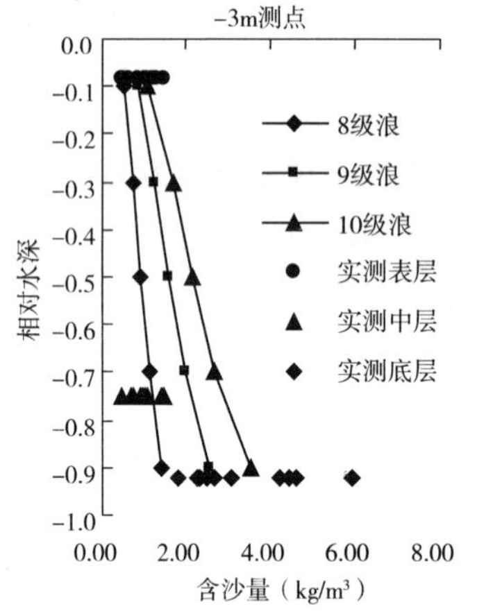

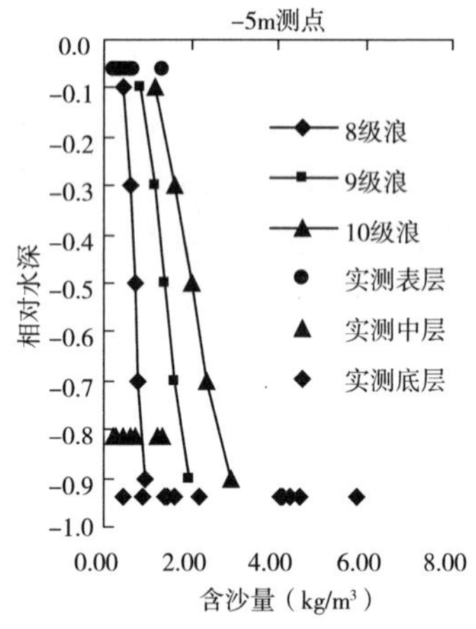

图6-21　韦帕台风实测含沙量与特征含沙量垂向分布比较

根据以上验证和讨论,均表明采用长期水动力配合特征含沙量的概念可以很好地把握连云港地区的水沙运动宏观特征,得到的计算结果可以反映连云港地区在各风况作用下的含沙量分布特征,这便从实践意义上肯定了结合"过程"和"表现"模拟思路体系的有效性。

6.8　小结

本章中从方法论的角度,提出了一个较为完整的、同时结合"过程"和"表现"

的淤泥质海岸水沙运动模拟思路体系,其中包括代表动力的选择,输入资料的分析及模拟应用理念,这一体系与经典的模拟思路存在不同。以连云港海域作为实际算例,详细讨论了这一思路的执行方式,并进行充分论证,得到以下主要结论:

(1)探讨了淤泥质海岸长周期水沙运动模拟中的代表动力选择方式。在代表潮的选择中,重点把握两个原则:一是近底通量变化率的相似性;二是流速、流向的相似性。在代表波浪的选择中,关注波浪长期玫瑰关系和波高平方。在研究中,认为代表潮潮差与近底通量公式中的指数项关系更为紧密。随着冲刷指数的增大,代表潮潮差也相应增高。推荐连云港地区代表潮潮差高于平均潮差6.71%,大西山处代表$H_{1/3}$波高0.72m,代表波向36.5°。

(2)海岸水沙运动是一个连续、具有统计特征的过程。以往面向过程的模拟思路由于携带了“尺度噪声”和“资料噪声”,从而难以有效代表当地海域的水沙运动整体规律。因此,采用长时间尺度下的水沙运动宏观规律对海岸黏性泥沙运动进行模拟更为可靠。在模拟中,提出“特征含沙量”的概念联系水流和泥沙的宏观特征。在淤泥质海岸中,含沙量与波浪条件的相关关系良好,因此可作为特征含沙量的选择依据。根据资料分析中采取的尺度差异,特征含沙量可分为长期特征含沙量和各级浪况下的特征含沙量两种。采用特征含沙量的概念可以有效过滤尺度噪声和资料噪声,所得水、沙关系更加明确。

(3)在模型有效性检验的过程中,推荐采用长期特征含沙量结合年平均含沙量的方式对参数进行率定,并根据不同浪况下的特征含沙量对参数进行验证。这种思路可归结为“内插”,是在把握宏观规律的前提下对单次水动力条件的考察。经分析,这一思路较之以往模拟的“外延”思路,可更好地把握当地水沙运动的整体特征,过滤噪声,所得到的参数也具有代表意义。

(4)采用连云港地区实测的进港航道回淤强度资料,以及2007年9月韦帕台风的现场观测资料对模型的有效性进行了加强验证,证实了所提出的结合过程和表现的模拟思路可以有效模拟不同时间尺度下的泥沙现象。

本章主要创新点为:

(1)提出了结合“过程”和“表现”的淤泥质海岸水沙运动模拟思路。模拟中同时兼顾宏观规律和力学过程,着重把握时间尺度和长期观测数据。这一思路可以有效过滤短时间尺度水沙现象及短期测量资料中的噪声。

(2)讨论了针对淤泥质海岸的代表潮、代表波浪选取原则。指出代表潮的选择应保证底床冲淤率及流速、流向相似;代表波浪的计算中应更加关注波高二次方(或波能)加权相似。

(3)提出了“特征含沙量”的概念。利用淤泥质海岸波浪与含沙量之间的良好对应关系,将长期水、沙运动宏观规律联系起来;按推算采用的资料尺度,将特征含沙量分为长期特征含沙量与不同波浪等级下的特征含沙量两种。讨论了淤泥质海岸特征含沙量的取值方式。

(4)提出模型有效性检验,包括率定与验证的新思路。采用长期特征含沙量配合年平均含沙量对参数进行率定,率定中着重把握长期特征含沙量的数值及年平均含沙量的数值与分布,验证采用各级浪况下的特征含沙量作为依据。此外,指出航道回淤作为长时间尺度现象,可作为率定与验证的有效依据。

7 淤泥质海岸波流耦合下泥沙运动规律

根据第5章中的研究结论，淤泥质海岸大浪天气下波生流的影响可与潮流等权重，影响范围也较远，可改变当地海域的流场形式。在6.7.1节中对10级浪特征含沙量场的分析中，也清晰地反映出波生流的作用。此外，即使是同一波高等级，随来波方向的差异，波流耦合后的流态也并不相同。下文仍以连云港海域为例，详细探讨波流耦合下的淤泥质海岸泥沙运动规律，并评价波生流的影响。

7.1 波生流对泥沙运动的影响规律

为了清晰表示波生流对泥沙运动的影响规律，建立数值实验，以7级浪（可代表中浪条件）和10级浪（可代表大浪条件）作用下的特征含沙量场为例进行讨论（入射波向为代表波向36.5°）。试验中补充计算了不考虑波生流条件下的特征含沙量场，（图7-1和图7-3），与并考虑波生流的相应特征含沙量场（图7-2和图7-4）进行对比，体现出以下几点规律：

（1）在无波生流的条件下，波浪对泥沙运动的贡献仅为底部切应力，实际上可以归纳为“波浪掀沙、潮流输沙”的经典形式。因此，含沙量的数值决定于波浪的强度，特别是波高，而所掀起泥沙的对流和扩散仅取决于潮流形态。从而，尽管波高不同，7级浪和10级浪引起的特征含沙量分布趋势十分类似。

（2）存在波生流时，在其驱动下，特征含沙量的平面分布存在一定差异。以7级浪作用为例（图7-1和图7-2），如对比0.6kg/m^{3}等值线，可见在考虑波生流条件下，该等值线有向外海探出的趋势。究其原因，地形测图显示埒子口附近等深线有一个凸出的尖角（图4-1），形成一个近似于沙嘴的结构。根据5.3.1节中结论，沙嘴区域可出现一股强度相对较大、宽度较窄且指向外海的裂流，而这股裂流将携带近岸泥沙并向外海移动。配合流场结构分析，尽管波向有差异，图5-10～图5-12中均显示在埒子口至连云港地区，这一裂流总是存在的，因此在一个代表潮周期平均下，泥沙有向海运移的趋势。

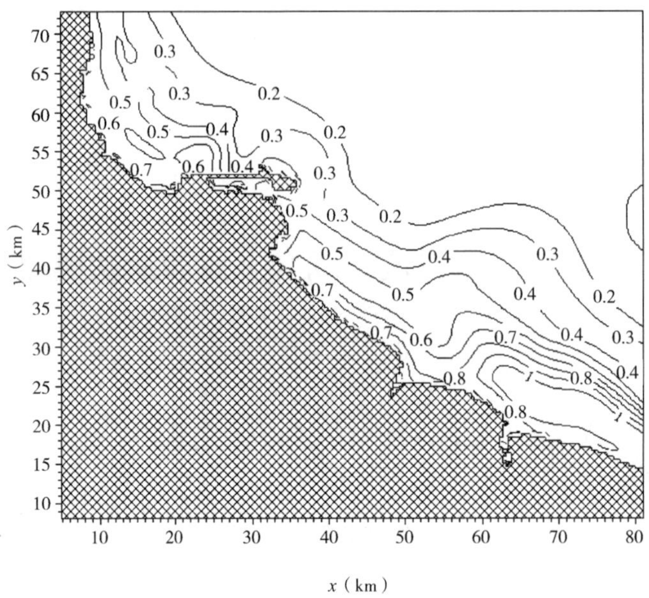

图 7-1　仅潮流作用下 7 级浪特征含沙量平面分布

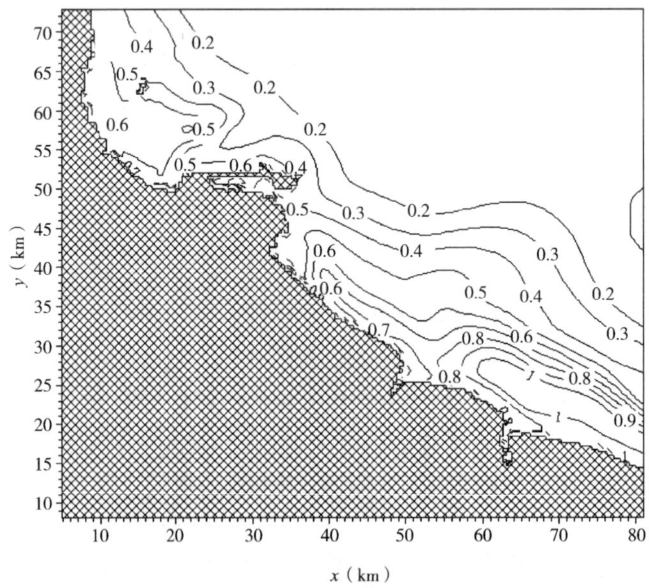

图 7-2　波流耦合下 7 级浪特征含沙量平面分布

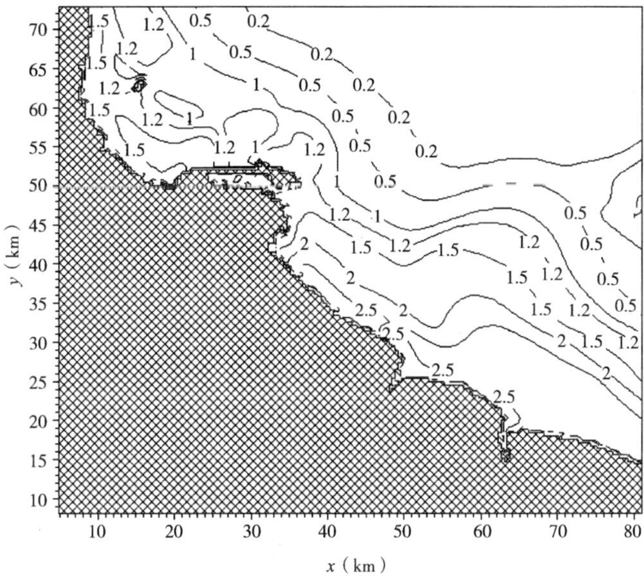

图 7-3 仅潮流作用下 10 级浪特征含沙量平面分布

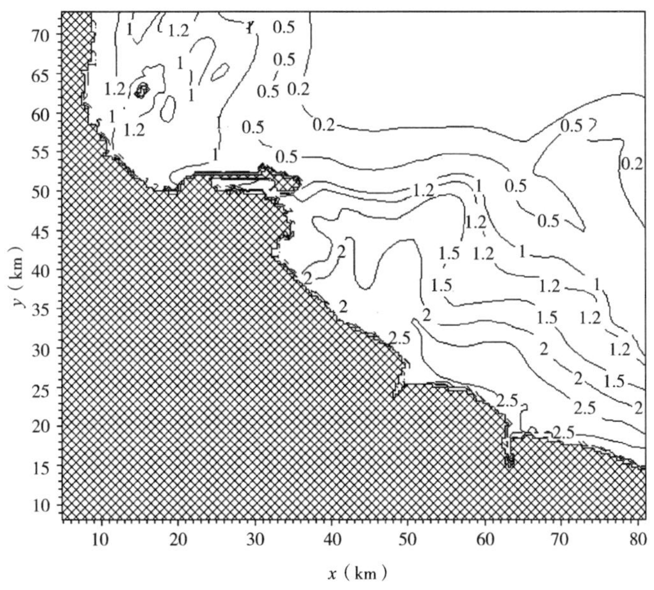

图 7-4 波流耦合下 10 级浪特征含沙量平面分布

(3)10 级浪条件下，波生流对悬沙运动的影响形式较 7 级浪明显得多。对比图 7-3 和图 7-4，显示出含沙量场的分布形式已完全改变，其中耦合波生流的特征含沙量平面分布更加凌乱。仍以埒子口至连云港一线为例，含沙量 2.0kg/m^3 等值线不仅向外海推移，而且还有向北侧探出的趋势。

配合流场分析，在 10 级浪作用下，由于波生流流速已达到与潮流当量的级别，较强的裂流、环流结构叠加于潮流之上，使得整体潮流运动形态产生变化。对比图 5-23中的旋转椭圆，显示耦合波生流后，埒子口沙嘴处的潮流椭圆变得不对称，其中向海的流速超过向岸流速。因此，10 级浪催生的沙嘴处裂流流速超过 7 级浪，从而携带泥沙向海运动的趋势更强。此外，由于代表波浪方向(36.5°)偏于 N 向与 NE 向之间，在连云港南侧海域与岸线走向有一定夹角，从而在波周期平均下将会形成一股自灌河口指向连云港的剩余沿岸流，这一沿岸流将会使得悬浮在海水中的泥沙由灌河口向连云港运动。

结合以上分析，含沙量分布不均匀的位置和波生环流发展的位置相近，其不均匀程度也随着波浪级别的增高而变强。这也从一个侧面说明了在较大波浪条件下的悬沙运动模拟中，波生流的贡献是必须考虑的。总的来说，在波浪级别较低的情况下，波生流的作用占潮流的权重较小，从而是否考虑波生流的作用对泥沙运动的影响程度并不显著，“波浪掀沙、潮流输沙”的经典认识仍是控制规律。然而，在波浪达到一定级别的条件下，波生流已经成为输沙的另一个重要动力，因此，笔者认为，在常浪乃至中浪条件下，“波浪掀沙、潮流输沙”仍是合理的；而在大浪条件下，淤泥质海岸的泥沙运动应以“波浪掀沙、波流共同输沙”来描述更为合适。

7.2 不同波向下泥沙运动特征

实际上，根据第 5 章中的研究，波生流的驱动力不仅是波高级别，其分布形态亦与波向息息相关。在 5.4 节中，曾比较了同一波高等级，而波向不同作用下的波生流分布规律。基于上节讨论，10 级浪条件下波生流对泥沙运动的影响程度最高，因此，以下采用 10 级浪为例，进一步分析不同波向作用下的含沙量分布差异，计算中增加 10 级风 N 向和 E 向的波浪场条件，见图 7-5 和图 7-6。

图中显示出，由于入射波向的差异，波浪传播也形成不同的分布。总的来说，E 向入射的波浪高度较 N 向略高。这是由于计算时，E 向波浪传入近岸时受到的阻挡较 N 向更弱，特别是在临洪河口一带 E 向波浪近似正向入射。

图 7-7 和图 7-8 分别为对应 10 级浪 N 向和 E 向的特征含沙量场情况(均为波流耦合条件下)。分析得到以下结论：

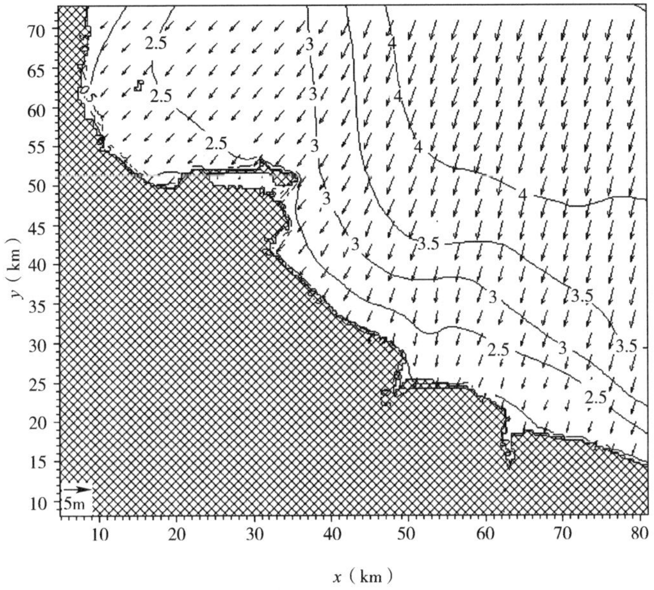

图 7-5　10 级浪 N 向波高分布

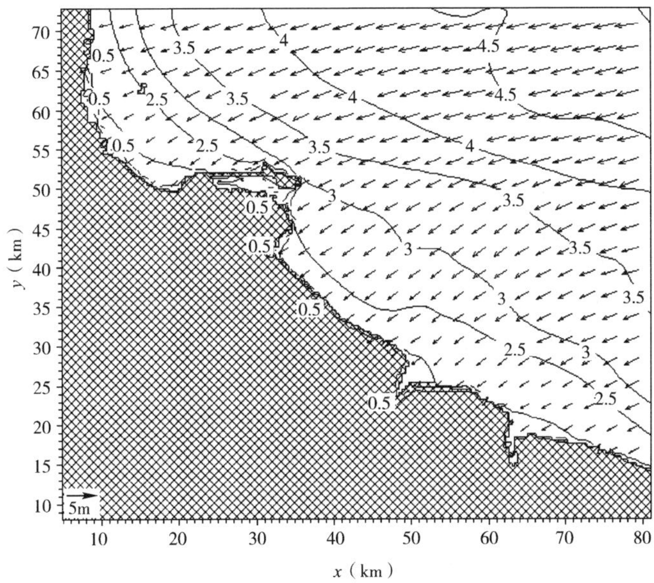

图 7-6　10 级浪 E 向波高分布

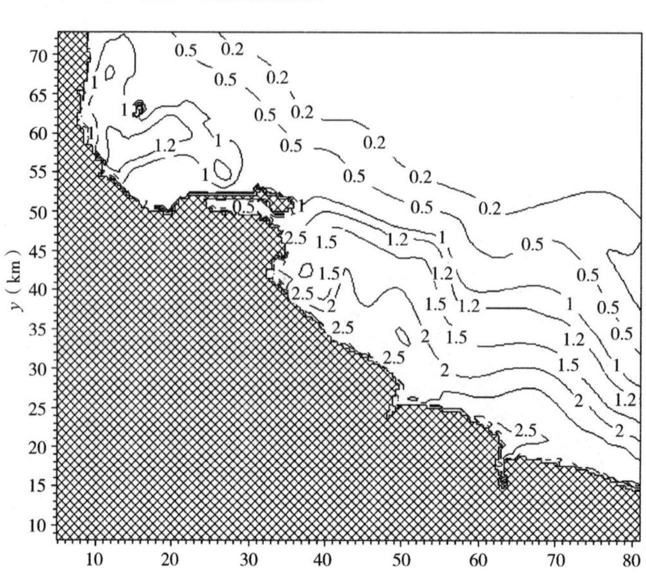

图 7-7　10 级浪 N 向特征含沙量平面分布

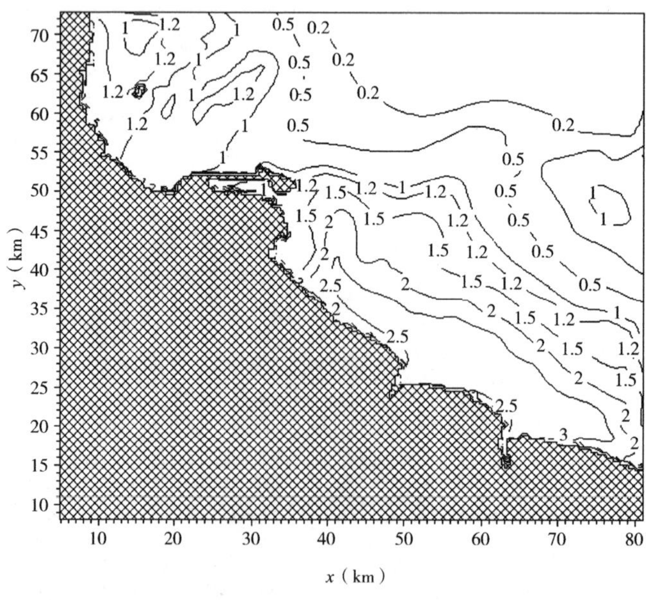

图 7-8　10 级浪 E 向特征含沙量平面分布

（1）波浪 E 向入射引起的含沙量场整体来说较 N 向略高。其原因有二：一是 E 向波浪的入射角度更加接近与岸线正向，因此波浪能量损耗小，波高整体较 N 向略高，因此形成的底部剪切力更大；二是由于连云港地区岸线走向，特别是南部走向和 E 向的夹角更大，因此入射催生形成的沿岸波生流强度较 N 向略大，从而在波流耦合时的底部剪切力也较 N 向为高。

（2）随输入波向的不同，在不同波生流形式和强度的影响下，特征含沙量场的分布形态也存在明显差异。如以代表方向入射（36.5°）为基准，通过对比注意到，在波浪 N 向入射时，大范围泥沙运动方向有向南侧输送的趋势，而 E 向波浪场造成的含沙量分布则有向北输送的趋势。与代表波向对比，二者形成的影响方向是相反的。

从流场角度分析，入射方向与岸线的夹角直接决定了波生流的指向。以连云港南侧水域为例分析，N 向波浪与岸线夹角近似在 60°～80°，从而沿岸流较弱，且应指向南；而对 E 向波浪，与岸线夹角在 -10°～-30°，角度较小，从而应形成较强的指向北侧的沿岸流。实际上，由于地形裂流的方向在近岸均指向北侧，因此 N 向波浪形成的近岸流向在两股水流反向叠加的作用下或指向南、或指向北，且流速较弱。而对于 E 向，两股水流同向叠加，从而形成了稳定的、指向北侧的较强流场。这一分析与图 5-13 和图 5-15 中的规律是吻合的。

从本质上讲，在淤泥质海岸，由于泥沙运动形式以悬移质为主，并被水流携带、共同运动，因此泥沙的对流、扩散方向取决于波流耦合后的流场形态。随着波向从 N 转向 E，波生流场的方向存在差异，从而与潮流叠加后，泥沙将在波生流的指向上产生剩余输送。

综上讨论，针对连云港地区，当波向自 N 向向 E 向过渡时，海域的特征含沙量场也有逐渐自南向北的运动趋势。这一结论显示了泥沙运动和波浪方向的敏感度，也进一步证明了在波生流显著的大浪条件下，波浪的作用已不仅仅停留在掀沙的层面，且其输沙效应也是另一个主导因素。

7.3 小结

在本章中，结合连云港地区算例，采用 7 级浪与 10 级浪条件为例，详细讨论了在不同波浪级别下，淤泥质海岸波流耦合条件下的泥沙运动规律，得到以下主要结论：

（1）波生流的存在对泥沙运动规律具有影响，其影响程度随波浪等级的提高而增强。在常浪条件下，由于波生流流速较弱，从而是否考虑波生流影响不会显著改变特征含沙量场的分布形式。而在中浪至大浪条件下，波生流速较高，从而特征含沙量场的分布变化逐渐明显。针对连云港海域，在 7 ~ 10 级浪作用下，埒子口地区泥沙在裂流作用下有自近岸向外海输送的趋势，且 10 级浪造成的特征含沙量场变化程度超过 7 级浪。

(2)波浪的入射方向直接影响泥沙运动的宏观运移趋势。由于波生流场结构与波向方向相关性很高，从而当来波方向变化时，泥沙的输移在波生流、潮流的耦合作用下，将会在波生流的指向上有净输移。针对连云港海域，体现在 E 向波浪将有把近岸泥沙由灌河口向连云港输送的趋势，而 N 向波浪会抑制泥沙向北输移。这一结论显示在大浪条件下，波浪不仅仅起到掀沙作用，并且也参与输沙的过程。

本章主要创新点为：

(1)提出大浪条件下“波浪掀沙、波流共同输沙”的概念。在大浪作用下，波浪对泥沙运动的贡献不仅是掀动更多泥沙进入水体，同时其所催生的较高波生流速也将与潮流耦合在一起，改变了当地潮流运动的原始形态。这使得在对淤泥质海岸大浪条件下泥沙运动的模拟中，应考虑波生流的作用。

(2)指出波浪的输沙效应与来波方向直接相关。不同方向波浪入射引起的沿岸流、裂流等的运动形态存在差异，从而使得泥沙运移方向各不相同。总的来说，与仅潮流作用相比，泥沙运动将在波生流的流速方向上产生输移。

8 结　　语

8.1 主要结论

本书中研究的主要宗旨是构架一个波流耦合作用的、同时结合“过程”和“表现”的淤泥质海岸水沙运动模拟体系。在建模中，力求反映更加真实的物理背景。在操作中，力求把握水沙运动的宏观规律，消除当前模拟中存在的尺度噪声和资料噪声，以使得在数学模型在应用中更好的发挥效果。研究中总体包含了两个方向：一是在面向过程的背景下，尝试将波浪和潮流耦合起来，尽可能真实地反映物理机制；二是在面向表现的背景下，把握住长时间尺度的水沙规律，采用长周期模拟技术对输入条件进行过滤和简化。以下对全文的研究内容与研究结论作主要总结。

(1)建立了波流耦合下的淤泥质海岸水沙运动三维数值模式，在水动力方程中引入了三维波生剩余动量流、破波表面水滚效应、波生紊动掺混，以及波流共同作用下的剪切力。研究中推导了一个综合考虑底坡、传递率和水滚体密度的水滚发展方程，并将 Larson - Kraus 的二维波浪水平紊动表达式拓展至三维。

(2)利用大量波生流试验数据，对模式进行了严格测试，模拟了底部离岸流、沿岸流的水平与垂向分布、地形裂流、堤后环流等经典波生流现象。对模式中的主要输入参数进行了详尽的分析，推荐水滚传递率 α 取值在 0.30 ~ 0.60；水滚体密度 ρ_R 在 800 ~ 900kg/m^3；垂向紊动掺混系数 b 建议取值 0.001；水平紊动掺混系数 λ 取值介于 0.2 ~ 0.5。

(3)波生流的作用对淤泥质海岸水流运动规律存在影响。总体来讲，淤泥质海岸波生流影响范围较沙质海岸更远，且底部离岸流不明显，通过理论分析结合比较，证明了所模拟的波生流态合理。仅考虑波生流时，平面上形成复杂的环流结构，其位置与地形相关。波生流的影响程度随入射波高增大而升高，且其平面分布规律随入射波向存在差异。以波生垂线平均流速为例，5 级浪时所占 -5m 等深线内平均比例仅为 9.55%；而当 10 级浪时，该比例达到 79.02%。波生流的影响程度在近岸超过外海,10 级浪 -3m 等深线内垂线平均波生流速已占到平均潮流速的 87.58%。此外,随波高增大,流速垂向分布趋于均匀。10 级浪 -3m 等深线内,底层平均波生流速甚至已超过潮流,达到平均潮流速的 107.66%。在波流耦合作用下,潮流椭圆的长短轴和分布形态发生变化。因此,在淤泥质海岸的水流运动模拟时,特别是在近岸区域、大浪条件下,波生流的流速已经达到相当可观的比例,从而必须在模拟中加以充分考虑。

(4)研究了淤泥质海岸水沙运动中代表水动力的选择方式。在代表潮的选择中,保证近底通量变化率与流速、流向的相似性;在代表波浪的选择中,关注波浪长期玫瑰关系和波高平方。研究中发现,代表潮潮差与近底通量公式中的指数项关系更为紧密,随冲刷指数的增大,代表潮潮差也相应增高。经论证,推荐连云港地区代表潮潮差高于平均潮差 6.71%,大西山处代表 $H_{1/3}$ 波高 0.72m,代表波向 36.5°。

(5)提出了一个结合"过程"和"表现"的淤泥质海岸水沙运动模拟思路体系。采用长时间尺度下的水沙运动宏观规律和整体特征作为基本原则。提出"特征含沙量"的概念联系水流和泥沙运动的宏观特征。在淤泥质海岸中,含沙量与波高的相关性良好,因此在特征含沙量的选择中,可采用波高与含沙量的长期关系进行推求。按照资料尺度的不同,将特征含沙量划分为长期特征含沙量和各级浪况下的特征含沙量两种。采用特征含沙量的概念可以有效过滤尺度噪声和资料噪声,得到的水沙响应关系更加明确。

(6)提出采用长期特征含沙量结合年平均含沙量对模型参数进行率定,并根据不同浪况下的特征含沙量对参数进行验证的新思路。这一思路从数理上可归结于"内插"。利用连云港地区不同尺度下泥沙现象,包括航道年际回淤分布和单次台风过程的实测资料检验,证明这一思路可更好地把握当地水沙运动的整体特征,缩小计算误差,所得参数具有代表意义。

(7)波生流的作用对淤泥质海岸悬沙运动规律存在影响。在波浪级别较低时,波生流流速较弱,从而含沙量分布形态与仅潮流情况差异微弱,然而随波浪级别的增大,特征含沙量场的变化愈加明显,且其变化程度与波生流发展强度有关。此外,当波向变化时,泥沙的输移整体方向也随波生流的不同指向而存在差异。针对连云港算例,10 级浪天气下 E 向波浪有把近岸泥沙自灌河口向连云港输送的趋势,而 N 向波浪抑制泥沙向北输移。这一结论显示在大浪条件下,波浪不仅起到掀沙作用,并且也参与输沙的过程。因此,针对淤泥质海岸,常浪条件下波生流影响微弱,从而"波浪掀沙,潮流输沙"的传统观念仍可靠,然而在波生流显著的大浪环境下,泥沙运动的整体规律应表达为"波浪掀沙,波流共同输沙"更为合适。

8.2　工作展望

实际海洋中的水沙运动,特别是在黏性泥沙为主的淤泥质海岸,动力条件十分复杂。根据以上研究,对以后的研究工作给出一些展望:

(1)当前对波流耦合的模拟中,并不能做到完全耦合,因此"波流相互作用"的概念还会持续很久。在本书中,没有对潮流影响下的波浪传播进行耦合。在下一步工作中,作者将进一步尝试将考虑流场修正的波浪模型耦合至当前模型中,如SWAN模式或REF/DIF模式等,并在求解中实时耦合。

(2)淤泥质海岸波生流现象研究资料匮乏,特别是在本书研究中,指出淤泥质海岸波生流态和沙质海岸的形态存在差异。由于受到资料匮乏的影响,在验证中只能通过理论分析与横向比较的手段。在未来的工作中,如有可能得到实测数据,则可对模型进行进一步测试,以验证结果的有效性与合理性。

(3)在淤泥质海岸代表潮的选择中,由于连云港地区潮波运动形式为前进型驻波,潮差与流速关系良好,然而如在以前进波为主的海岸区域,代表潮的选择方式仍有进一步探讨的空间。

参 考 文 献

[1] Smagorinsky, J. S. General circulation experiments with the primitive equations – I, the basic experiment[J]. Monthly Weather Review, 1963, 91:99-164.

[2] Davies, A. M. Three – dimensional model with depth – varying eddy viscosity [M]. Button Turbulence, ESPC, 1977: 27-48.

[3] Jordan, T. E. , Bakes, J. R. Vertical structure of time dependant flow dominated by friction in a well – mixed fluid [J]. Journal of Physical Oceanography, 1980, 10: 1091-1103.

[4] Noye, J. , Stevens, M. A. A three – dimensional model for tidal propagation using transformation and variable grids [M]. Three – dimensional Coastal Ocean Models, American Geophysical Union, Washington, D. C. , 1987, 4 41-69.

[5] Soulsby, R. L. Tidal – current boundary layers [M]. In The Sea, New York, 1990, 9:523-566.

[6] 匡翠萍. 长江口拦门沙冲淤及悬沙沉降规律研究和水流盐度泥沙数学模型[D]. 南京:南京水利科学研究院, 1993.

[7] 宋志尧. 海岸河口三维水流场垂向级数解模型 [D]. 南京:河海大学,1998.

[8] 金忠青. N – S 方程的数值解和紊流模型 [M]. 南京:河海大学出版社, 1989.

[9] Rodi W. Turbulence models and their application in hydraulics [M]. IAHR, Delft, the Netherlands, 1984.

[10] Mellor, G. L, Yamada, T. Development of a turbulence closure model for geophysical fluid problems [J]. Review of geophysics and space physics, 1982, 20 (4): 851-875.

[11] Abbott, M. B. Range of tidal flow modeling. Journal of Hydraulic Engineering, ASCE, 1997, 123:257-277.

[12] Gray, W. G. Finite element analysis of long period water waves [J]. Computer Methods in Applied Mechanics and Engineering, 1973, 2(2): 147-157.

[13] 谭维炎. 计算浅水动力学——有限体积法的应用 [M]. 北京: 清华大学出版社, 1998.

[14] Byran, K. A. A numerical method for the study of circulation of the world ocean

[J]. Journal of Computational Pysics, 1969, 4: 347-376.

[15] Killworth, P. D. , Stainforth, D. , Webb, D. J. , Patterson, S. M. The development of a Free – Surface Byran – Cox – Semtner ocean Model [J]. Journal of Physical Oceanography, 1991, 21: 1333-1348.

[16] Madala, R. V. , Piacsck, S. A. A semi – implicit numerical model for Baroclinic oceans [J]. Journal of Computational Pysics, 1977, 23: 167-178.

[17] Holland, W. R. , Lin, L. B. On the generation of mesoscale eddies and their contribution to the oceanic general circulation [J]. Journal of Physics Oceanography, 1975, 5(4): 642-669.

[18] Bleck, R. , Boundra, D. B. Wind – driven spin – up in eddy – resolving ocean models formulated in isopycnic and isobaric coordinates [J]. Journal of Geophysical Research, 1986, 91(C6): 7611-7622.

[19] Phillips, N. A. A coordinate system having some special advantages for numerical forecasting [J]. Journal of Meteorology, 1957, 14:184-185.

[20] Beckers, J. M. Application of the GHER3D general circulation model to the western Mediterranean [J]. Journal of Marine Systems, 1991, 1: 315:332.

[21] 陶建峰. 河口、海岸三维斜压水流数值模式研究 [D]. 南京:河海大学, 2006.

[22] Haidvogel, D. B. , Wilkin, J. L, Young, R. A. ASemi – spectral primitive equation mdoel using Vertical Sigma and orthogonal curvilinear horizontal coodrinaets [J]. Journal of Computational Pysics, 1991, 94: 151-185.

[23] Arakawa, A. , Lamb, V. R. Computational design of the basic dynamical process of the UCLA General circulation Model. Method in computational physics [M]. Academic Press, 1977.

[24] Simons, T. J. Verification of numerical models of Lake Ontario, part I: circulation in spring and early summer [J]. Journal of Physical. Oceanography, 1974, 4: 507-523.

[25] Madala, R. V. , Piacsek, S. A. A semi – implicit numerical model for baroclinic oceans [J]. Journal of Computational Physics, 1977, 23: 167-178.

[26] Casulli, V. , Semi – implicit finite – difference methods for the two – dimensional shallow warter equations [J]. Journal of Computational Pysics, 1990, 86: 56-74.

[27] Casulli, V. , Cheng, R. T. Semi – implicit finite – difference methods for the two –

dimensional shallow warter flow [J]. International Journal of Numerical Methods in Fluids, 1992, 15(6): 629-648.

[28] Hallberg, R. W. Stable splitting time stepping schemes for large – scale ocean modeling [J]. Journal of Computational Pysics, 1997, 135: 54-65.

[29] Leendertse, J. J. A water qualiy simulation model for well – mixed estuaries and coastal seas [M]. Principles of Computation. Rand, Santa Monica, 1970.

[30] 程文辉, 王船海. 用正交曲线网格及"冻结"法计算河道流速场 [J]. 水利学报, 1988, 6: 18-25.

[31] 严以新, 宋志尧. 西江水道工程整治效果数值研究 [C]//. 第十七届海洋工程研讨会暨1995两岸港口及海岸开发讨论会论文集, 台南, 1995.

[32] 陶建华. 波浪在岸滩上的爬高和破碎的数学模型 [J]. 海洋学报, 1984, 6(5): 692 –700.

[33] 孙英兰, 王丽霞. 胶州湾环流和污染扩散的数值模拟 [J]. 中国海洋大学学报, 1989, 19(1) :1-18.

[34] 周发毅, 郭勇, 虞和莹. 大规模多岛屿海域潮流场的数值模拟 [J]. 海洋工程, 1995, 13(4): 61-69.

[35] 史峰岩, 林文心, 魏更生. 运动侧边界海洋问题的自适应网格模拟方法 [J]. 海洋学报, 1997, 19(3): 1-9.

[36] Xie, L. , Pietrafesa, L. J. , Peng, M. Incorporation of a Mass – Conserving Inundation Scheme into a Three Dimensional Storm Surge Model [J]. Journal of Coastal Research, 2004, 20(4): 1209-1223.

[37] Oye, L. Y. A wetting and drying scheme for POM [J]. Ocean Modelling, 2005, 9(2): 133-150.

[38] Blumberg, A. F. , Mellor, G. L. A description of a three – dimensional, coastal ocean circulation model [M], in Three – Dimensional Coastal Ocean Models, Coastal and Estuarine Science. Ed. N. Heaps, American Geophysical Union, Washington D. C. , 1987, 1-16.

[39] Blumberg, A. F. A Primer for ECOM – si [M]. Technical Report of HydroQual, Inc, 1994.

[40] 朱建荣. 海洋数值计算方法和数值模拟 [M]. 北京: 海洋出版社, 2003.

[41] Chen, C. , Liu, H. , Beardsley, R. C. An unstructured, finite – volume, three – dimensional primitive equation ocean model: application to coastal, ocean and estuaries [J]. Journal of Atmospheric and Oceanic Technology, 2003, 20: 159-

186.

[42] Shchepetkin, A. F. , McWilliams, J. C. The regional oceanic modeling system (ROMS): a split - explicit, free - surface, topography - folloing - coordinate oceanic model [J]. Ocean Modelling, 2005, 9: 347-404.

[43] Berkhoff, J. C. W. Computation of combined refraction - diffraction. In: Proc. 13th Coastal Eng. Conf. Vancouver, ASCE, 1972, Vol. 1, 471-490.

[44] Kirby, J. T. , Dalrymple, R. A. A parabolic equation for the combined refraction - diffraction of Stokes waves by mildly varying topography [J]. Journal of Fluid Mechanics, 1983, 136: 453-466.

[45] Copeland, G. J. M. A practical alternative to the mild - slope equation [J]. Coastal Engineering, 1985, 9: 125-149.

[46] Ebersole, B. A. Refraction - diffraction model for linear water wave [J]. Journal of Waterway, Port, Coastal and Ocean Engineering, ASCE, 1985, 111(6): 939-953.

[47] Booij, N. Gravity waves on water with non - uniform depth and current, Report No. 81 - 1, Delft University of Technology. , Dept. Civil Eng. 1981.

[48] Kirby, J. T. A general wave equation for waves over rippled beds [J]. Journal of Fluid Mechanics, 1986, 162: 171-186.

[49] 冯卫兵. 水流中波浪绕射折射数值模拟 [D]. 南京:河海大学, 1999.

[50] 吴中. 完全频散性非线性波数值模型及其应用 [D]. 南京:河海大学, 2007.

[51] Philips, O. M. On the generation of waves by turbulent wind [J]. Journal of Fluid Mechanics, 1957, 1: 417-445.

[52] Miles, J. W. On the generation or surface waves by shear flows. [J]. Journal of Fluid Mechanics, 1957, 3: 185-204.

[53] Hasselmann, K. On the spectral dissipation of ocean waves due to white capping [J]. 1974, Bound - layer Meteorology. , 6, 1 - 2: 107-127.

[54] Battjes, J. , Janssen, J. P. F. M. Energy loss and setup due to breaking of random waves [J]. Proc. 16th Int. Conf. Coastal Engineering, ASCE, 1978, 569-587.

[55] Bertotti, L. , Cavaleri, L. Accuracy of wind and wave evaluation in coastal regions[C]. Proc. 24th Int. Conf. Coastal Engineering, ASCE, 1994.

[56] Peregrine, O. H. Long waves on beach [J]. Journal of Fluid Mechanics, 1967, 27: 815-527.

[57] Abbott, M. B. , Petersen, H. M. , Skovgaard, O. On the numerical modelling of

short waves in shallow water [J]. Journal of Hydraulic Research,1973,16:1-25.

[58] McCowan, A. D. The range of application of Boussinesq – type numerical short wave models [C]. Proc., 22nd IAHR Congress, Lausanne, Switzerland, 1987, 379-384.

[59] Madsen, P. A., Murray, R., Sorensen, O. R. A new form of Boussinesq equation with improved linear dispersion characteristics [J]. Coastal Engineering, 1991, 15(4): 1-15.

[60] Madsen, P. A., Sorensen, O. R. A new form of Boussinesq equation with improved linear dispersion characteristics Part II: a slowly – varying bathymetry [J]. Coastal Engineering, 1992, 18: 183-204.

[61] Nwogu, O. An alternative form of Boussinesq equation for nearshore wave propagation [J]. Journal of Waterway, Port, Coastal and Ocean Engineering, ASCE, 1993, 119(6): 618-638.

[62] Gobbi, M. F., Kirby, J. T. A fourth order Boussinesq – type wave model [C]. Proc. 25th Int. Conf. Coastal Engineering, ASCE, 1996, 1116-1129.

[63] 朱良生. 近岸非线性不规则波传播模型 [D]. 南京:河海大学, 1998.

[64] Kirby, J. T., Dalrymple, R. A. A parabolic equation for the combined refraction – diffraction of Stokes waves by mildly varying topography [J]. Journal of Fluid Mechanics, 1983, 136: 543-566.

[65] Longuet – Higgins, M. S., Stewart, R. W. Radiation stress in water waves: a physical discussion with applications [J]. Deep Sea Research, 1964, 11: 529-562.

[66] Groeneweg, J., Klopman, G. Changes in the mean velocity profiles in the combined wave – current motion described in GLM formulation [J]. Journal of Fluid Mechanics, 1998, 370: 271-296.

[67] Ardhuin, F., Rascle, N., Belibassakis, K. A. Explicit wave – averaged primitive equations using a generalized Lagrangrian mean [J]. Ocean Modeling, 2008, 20: 35-60.

[68] Mellor, G. L. The three – dimensional current and surface wave equations [J]. Journal of Physical Oceanography, 2003, 35: 2291-2298.

[69] Mellor, G. L. Some consequences of the three dimensional current and surface wave equations [J]. Journal of Physical Oceanography, 2005, 33:1978-1989.

[70] McWilliams, J. C., Restrepo, J. M., Lane, E. M. An asymptotic theory for the

interaction of waves and currents in coastal waters [J]. Journal of Fluid Mechanics, 2004(511):135-178.

[71] Xia, H. Y., Xia, Z. W., Zhu, L. S. Vertical variation in radiation stress and wave – induced current [J]. Coastal Engineering, 2004, 51: 309-321.

[72] Newberger, P. A., Allen, J. S. Forcing a three – dimensional, hydrostatic primitive – equation model for application in the surf zone, part 1: Formulation [J]. Journal of Geophysical Research, 2007 (112) C08018. doi: 10. 1029/2006JC003472.

[73] Zhang, D. Numerical simulation of large – scale wave and currents [D]. National University of Singapore, 2004.

[74] Zheng, J. H. Depth – dependent expression of oblique incident wave induced radiation stress [J]. Progress in Natural Science, 2007, 17(9): 1,067-1,073.

[75] Svendsen, I. A., Haas, K. A., Zhao, Q. Quasi – 3D nearshore circulation model SHORESIRC, Report # 2002 – 01, Center for Applied Coastal Research, Univ. of Delaware.

[76] Wang, B., Andrew, A. J., Otta, A. H. Derivation and application of new equations for radiation stress and volume flux [J]. Coastal Engineering, 2008, 55: 302-318.

[77] 吴相忠. 考虑垂向三维辐射应力的三维水流模型 [D]. 天津:天津大学, 2005.

[78] Xie, L., Liu, H., Peng, M. The effect of wave – current interactions on the storm surge and inundation in Charleston Harbor during Hurricane Hugo 1989 [J]. Ocean Modelling, 2008, 20: 252-269.

[79] 谢媛媛. 近岸区波流耦合下三维水流模型及在悬浮物质运动中的应用 [D]. 青岛:中国海洋大学, 2008.

[80] Warner, J. C., Sherwood, C. R., Signell, R. P., Harris, C. K., Arango, H. G. Development of a three – dimensional, regional, coupled wave, current, and sediment – transport model [J]. Computers & Geosciences, 2008, 34: 1,284-1,306.

[81] Svendsen, I. A. Wave heights and set – up in a surf zone [J]. Coastal Engineering, 1984, 8: 303-329.

[82] Svendsen, I. A. Mass flux and undertow in a surf zone [J]. Coastal Engineering, 1984, 8: 347-365.

[83] Duncan, J. H. An experimental investigation of breaking waves produced by a towed hydrofoil [C]. Proc. R. Soc., London, Ser. A, 1981, 377: 331-348.

[84] Okayasu, A., Shibayama, T., Mimura, N. Velocity field under pluging waves [C]. Proc. Coastal Engineering Conf., 1990, 22: 68-81.

[85] Engelund, F. A simple theory of weak hydraulic jumps [R]. In Prog. Rep. 54, pp. 29 – 32, Inst. Of Hydrodyn. and Hydraul. Eng. (ISVA). Tech. Univ. of Denmark, Horsholm, 1981.

[86] Dally, W. R., Brown, C. A. A modeling investigation of the breaking wave roller with application to cross – shore currents [J]. Journal of Geophysical Research, 1995, 100(C12): 24,873-24,883.

[87] Tajima, Y., Madsen, O. S. Shoaling, breaking and broken wave characteristic [C]. Proc. 28th Conf. World Scientific, Cardif, Wales, 2002, pp. 222-234.

[88] Goda, Y. Examination of the influence of several factors on longshore current computation with random waves [J]. Coastal Engineering, 2006, 53: 157-170.

[89] Putrevu, U., Svendsen, I. A. Three – dimensional dispersion of momentum in wave – induced nearshore currents [J]. European Journal of Mechanics – B/Fluids, 1999, 18(3): 409-427.

[90] Battjes, J. A. Modeling of turbulence in the surf zone [J]. Proc. Sypm. Modeling Techniques, 1975, pp, 1050-1061.

[91] Larson, M., Kraus, N. C. Numerical model of longshore current for bar and trough beaches [J]. Journal of Waterway, Port, Coastal and Ocean Engineering, 1991, 117(4):326-347.

[92] Tsuchiya, Y., Yamashita, T., Uemoto, M. A model of undertow in the surfzone [J]. Annual Journal of Coastal Engineeing, 1986, 33: 31-35.

[93] 王尚毅. 波浪作用下含沙量的垂线分布 [J]. 中国科学 A 辑, 1984(12): 1151 – 1160.

[94] 李玉成, 张永刚. 不规则波和方向谱在有定常流条件下的折射—绕射问题的数值模拟 [J]. 水动力学研究与进展, 1995

[95] 李玉成, 张永刚. 应用 Boussinesq 方程对非线性波与流相互作用的理论研究 [J]. 水动力学研究与进展, 1996, 11(2): 205-211.

[96] 严以新. 潮汐河口地区的波流相互作用的数学模型 [J]. 海洋工程, 1989, 47-55.

[97] Kirby, J. T. A note on linear surface wave current interaction over slowly varying

topography [J]. Journal of Geohpysical Research, 1984, 89:745-747.

[98] 蒋德才，台伟涛. 缓坡非均匀流场中随机波传播的折绕射联合模型 [J]. 海洋学报, 1993, 11(6): 37-46.

[99] Whitham, G. B. Mass momentum on waves and currents [J]. Journal of Fluid Mechanics, 1962, 12: 135-147.

[100] Brevik, Aas, B. Flume experiment on waves and currents I: rippled bed [J]. Coastal Engeering, 1980, 3: 149-177.

[101] Liu, P. L. F. Wave – current interaction on a slowly varying topography [J]. Journal of Geophysical Research, 1983, 88(7): 4421-4426.

[102] Lundgren, H. Turbulent currents in the presence of waves [C]. Proc. of 13th Conf. on Coastal Engineering, ASCE, 1972, Vancouver, 624-634.

[103] You, Z. J., Wilkinson, D. L., Nielsen, P. Velocity distribution in turbulent oscillatory boundary layer [J]. Coastal Engineering, 1992, 18: 21-38.

[104] Shi, J. Z., Wang, Y. The vertical structure of combined wave – current flow [J]. Ocean Engineering , 2008, 35: 174-181.

[105] Jonsson, I. G. Wave boundary layer and friction factor [C]. Proc. of 10th Conf. on Coastal Engineering, ASCE, 1966, Tokyo, 127-148.

[106] Swart, D. H. Offshore sediment transport and equilibrium beach profiles. Delft Hydraulics Lab., Publ. 131, 1974.

[107] Fred e, J. Turbulent boundary layer in wave – current motion. Journal of Hydraulic Engineering, ASCE, 1984, 110(HY8): 1,103 – 1,120.

[108] Grant, W. D., Madsen, O. S. Combined wave and current interaction [J]. Journal of Geophysical Research, 1979, 84(C4): 1,797 – 1,808.

[109] Signell, R. P., Beardsley, R. C., Graber, H. C., Capotondi, A. Effect of wave – current interaction on wind – driven circulation in narrow, shallow embayments [J]. Journal of Geophysical Research, 1990, 95(C6): 9,671 – 9,678.

[110] Soulsby, R. L., Hamm, L., Klopman, G., Myrhaug, D., Simons, R. R., Thomas, G. P. Wave – current interaction within and outside the bottom boundary layer [J]. Coastal Engineering, 1993, 21:41-69.

[111] Voulgaris, G. Wallbridge, S., Tomlinson, B. N., Collins, M. B. Laboratory investigations into wave period effects on sand bed erodibility, under the combined action of waves and currents [J]. Coastal Engineering, 1995, 26: 117-134.

[112] Styles, R. , Glenn, S. M. Modeling stratified wave and current bottom boundary layers on the continental shelf [J]. Journal of Geophysical Research, 2000, 105 (C10): 24,119-24,139.

[113] Partheniades, E. Erosion and deposition of cohesive soils [R]. Journal of the Hydraulics Division Proceedings of the ASCE 91 (HY1), 1965, 10-139.

[114] Krone, R. B. Flume studies of the transport of sediment in estuarial shoaling processes [R]. Final report. Hydraulic Engr Lab and Sanitary Engr Lab, Univ. of California, Berkley, 1962.

[115] Partheniades, E. The present state of knowledge and needs for future research on cohesive sediment dynamics [C]. Third International Symposium on River Sedimentation, the Univ. of Mississippi, 1986.

[116] Partheniades, E. Estuarine sediment dynamics and shoaling processes [M], in Handbook of Coastal and Ocean Engineering, Ed. Herbick, J. , 1992, Vol. 3: 985 - 1,071.

[117] Maa, P. Y. , Wright, L. D. , Shannon, C. H. VIMS Sea Carousel: A field instrument for studying sediment transport [J]. Marine Geology, 1993, 115: 271-287.

[118] Sanford, L. P. , Halka, J. P. Assessing the paradigm of mutually exclusive erosion and deposition of mud, with examples from upper Chesaperke Bay [J]. Marine Geology, 1993, 114: 37-57.

[119] Chan, W. Y. , Wai, W. H. , Li, Y. S. Critical shear stress for deposition if cohesive sediments in Mai Po [C]. Conference of Global Chinese Scholars on Hydrodynamics, 2004.

[120] Metha, A. J. Review notes on cohesive sediment erosion [C], in Coastal Sediment, 1991, Eds. , Nicholas, C. , Kraus, K. J. , Gingerich, D. L. , ASCE, 1: 40-53.

[121] Sanford, L. P. , Maa, P. Y. A unified erosion formulation for fine sediments [J]. Marine Geology, 2001, 179: 9-23.

[122] Kwon, J. I. , Maa, P. Y. , Lee, D. Y. A preliminary implication of the constant erosion rate model to simulate turbidity maximum in the York River, Virginia, USA [C]. Estuary and Coastal Fine Sediment Dynamics - INTERCOH 2003, Elsevier, Amsterdam, 321 - 344.

[123] Maa, P. Y. , Sanford, L. S. , Halka, J. P. Sediment resuspension characteristics

in Baltimore Harbor, Maryland [J]. Marine Geology, 1998, 146: 137-145.

[124] Mehta, A. J., Partheniades, E. An investigation of the depositional properties of flocculated fine sediments [J]. Journal of Hydraulic Research, 1975, 12: 361-381.

[125] 杨铁笙, 熊祥忠, 詹秀玲,等. 粘性细颗粒泥沙絮凝研究概述 [J]. 水利水运工程学报, 2003, 2: 65-77.

[126] Mehta, A. J. Characterisation of cohesive sediment properties and transport processes in estuaries. In: Metha, A. J. (Ed.), Estuarine Cohesive Sediment Dynamics, Lecture Notes in Coastal and Estuarine Studies, No 14, Springer, Berlin, 1986, pp. 290-325.

[127] Burban, P. Y., Xu, Y., McNeil, J., and Lick, W. Settling speeds of flocs in fresh and sea waters [J]. Journal of Geophysical Research, 1990, 95(C10): 18,213 – 18,220.

[128] Kranenburg, C. On the fractal structure of cohesivesediment aggregates [J]. Estuarine, Coastal and Shelf Science, 1994, 39, 451-460.

[129] Winterwerp, J. C. On the flocculation and settling velocity of estuarine mud [J]. Continental Shelf Research, 2002, 22(9): 1339-1360.

[130] Owen, M. W. Determination of the Settling Velocities of Cohesive Muds [R]. Report No. IT 161, 1976, Hydraulic Research Station, Wallingford.

[131] 黄建维. 粘性泥沙在盐水中冲刷和沉降特性的试验研究 [J]. 海洋工程, 1989(7), 1: 61-70.

[132] 金鹰, 张鹰. 灌河口泥沙的环形水槽试验 [J]. 河海大学学报, 1993, 21(1): 48-54.

[133] Maa, P. Y., Kwon, J. I. Using ADV for cohesive sediment settling velocity measurements [J]. Estuarine, Coastal and Shelf Science, 2007, 73: 351-354.

[134] 程江, 何青, 王元叶. 利用 LISST 观测絮凝体粒径、有效密度和沉速的垂线分布 [J]. 泥沙研究, 2005, 1: 33-39.

[135] Dankers, P. J. T. Winterwerp, J. C. Hindered settling for mud flocs: Theory and validation [J]. Continental Shelf Research, 2007, 27: 1893-1907.

[136] Sills, G. C., Elder, D. M. The transition from sediment suspension to settling bed [C], in Estuarine, Cohesive Sediment Dynamics, Ed. Metha, A. J, Springer – Verlag, Berlin, 1986.

[137] Maa, P. Y., Sun, K. J., He, Q. Ultrasonic characterization of marine sedi-

ments: a preliminary study [J]. Marine Geology, 1997, 141: 183-192.

[138] Winterwerp, J. C., Walther, G. M. Introduction to the physics of cohesive sediment in the marine environment [M]. Development in Sedimentology, 2004, 56, Elsevier, Ed. Van Loon, T.

[139] 陈学良. 连云港浮泥测试及"适航深度"的确定 [J]. 水运工程, 1998, 8: 28-31.

[140] 冯建军, 耿智海. 连云港港30万吨级航道工程可行性研究15万吨级航道大风观测(含浮泥观测)技术报告 [R]. 中交上海航道勘察设计研究院有限公司, 2009.

[141] 徐福敏, 曹玉洁. 边抛疏浚浮泥对河口地区航道淤积的影响 [J]. 泥沙研究, 2002, 4: 52-56.

[142] Guan, W. B., Kot, S. C., Wolanski, E. 3 – D fluid – mud dynamics in the Jiaojiang Estuary, China [J]. Estuarine, Coastal and Shelf Science, 2005, 65: 747-762.

[143] de Vriend, H. J., Capobianco, M., Chester, T., de Stewart, H. E., Latteux, B., Stive, M. J. F. Approaches to long – term modeling of coastal morphology: a review [J]. Coastal Engineering, 1993, 21: 225-269.

[144] Larson, M., Kraus, N. C. Prediction of cross – shore sediment transport at different spatial and temporal scales [J]. Marine Geology, 1995, 126: 111-127.

[145] Latteux, B. Techniques for long – term morphological simulation under tidal action [J]. Marine Geology, 1995, 126: 129-141.

[146] Steijn, R. C. Schematization of the natural conditions in multi – dimensional numerical models of coastal morphology. Delft hydraulic. Report, H 526-1, 1989.

[147] Steijn, R. C., Input filtering techniques for complex morphological models. Delft hydraulic. Report, H 824.53., 1992.

[148] Chesher, T. J., Miles, G. V. The concept of a single representative wave. In: R. A. Falconer, S. N. Chandler – Wilde and S. Q. Liu (Editors), Hydraulic and Evironmental Modelling; Coastal Wavers. Ashgate, Brookfield, VT, pp. 371-380.

[149] 张长宽, 张东生, 陈举来. 基于长期波浪序列的沙质海岸演变数值模型 [J]. 河海大学学报, 1994(4): 1-7.

[150] 刘家驹. 粉砂淤泥质海岸的航道淤积[J]. 水利水运工程学报, 2004(1): 6-11.

[151] 罗肇森. 河口航道开挖后的回淤计算[J]. 泥沙研究, 1987(2): 13-19.

[152] 曹祖德, 孔令双. 淤泥质海岸开敞航道的回淤计算 [J]. 水道港口, 2004, 25(2): 59-68.

[153] Cayocca F. Long – term morphological modeling of a tidal inlet: the Arcachon Basin, France [J]. Coastal Engineering, 2001, 42: 115-142.

[154] 任杰, 吴超羽, 贾良文. 长周期动力地形模型中代表输入条件 [J]. 水科学进展, 2006, 17(2): 278-282.

[155] 张宏伟. 波浪、潮流共同作用下海床长期演变的数值模型及其工程应用研究 [D]. 大连:大连理工大学, 2008.

[156] Lesser, G. R., Roelvink, J. A., van Kester, J. A. T. M., Stelling, G. S. Development and validation of a three – dimensional morphological model [J]. Coastal Engineering, 2004, 51: 883-915.

[157] Roelvink, J. A. Coastal morphodynamic evolution techniques [J]. Coastal Engineering, 2006, 53: 277-287.

[158] Abbott, M. B., Lindberg, S., Havino, K. The 4th generation of numerical modelling in hydraulics [J]. Journal of Hydraulic Research, 1991, 29(5): 581-600.

[159] A premier for ECOMSED Ver. 1.3 users manual [M]. HydroQual Inc., 2002.

[160] Galperin, B., Kantha, L. H., Hassid, S., Rosati, A. A quasi – equilibrium turbulent energy model for geophysical flows [J]. Journal of Atmospheric Science, 1988, 45: 55-62.

[161] Goda, Y. Irregular wave deformation in the surf zone [J]. Coastal Engineering Jpn, 1975, 18: 13 – 26 (JSCE).

[162] Johnson, H. K. On modeling wind – waves in shallow and fetch limited areas using the method of Holthuijsen, Booij and Herbers. Journal of Coastal Research, 1988, 14(3): 917-932.

[163] Kahma, K. K., Calkoen, C. J., 1994. Growth Curve Observations, in: Dynamics and Modeling of Ocean Waves, by Komen et al., pp. 174 – 182. Cambridge University Press.

[164] Dingemans, M. W., 1983. Verification of numerical wave equation models with field measurements, CREDIZ verification Haringuliet. Delft Hydraulics Lab., Rep. No. W488, Delft. pp. 137.

[165] Battjes, J. A., Janssen, J. P. F. M, 1978. Energy loss and set – up due to

breaking of random waves. Proceeding of 16th International Conference on Coastal Engineering. Hamburg, pp. 569 – 587

[166] Gailani, J., Ziegler, C. K., Lick, W. The transport of sediments in the Fox River [J]. Journal of Great Lakes Research, 1991, 17: 479-494.

[167] Tsai, C. H. and Lick, W. Resuspension of sediments from Long Island Sound [J]. Water Science Technology, 1987, 21(6/7): 155-184.

[168] van Niekerk, A., Vogel, K. R., Slingerland, R. L., Bridge, J. S. Routing of heterogeneous sediments over movable bed: model development [J]. ASCE Journal of Hydraulic Engineering, 1992, 118(2): 246-279.

[169] Ting, F. C. K., Kirby, J. T. Observation of undertow and turbulence in a laboratory surf zone [J]. Coastal Engineering, 1994, 24: 51-80.

[170] Svendsen, I. A., Qin, W., Ebsersole, B. A. Modelling waves and currents at the LSTF and other laboratory facilities [J]. Coastal Engineering, 2003, 50: 19-45.

[171] Scott, C. P., Cox, D. T., Shin, S., Clayton, N. Estimates of surf zone turbulence in a large scale laboratory flume [C]. 29th International Conference of Coastal Engineering, 2004.

[172] Visser, P. J. Laboratory measurements of uniform longshore currents [J]. Coastal Engineering, 1991, 15: 563-593.

[173] Hamilton, D. G., Ebersole, B. A. Establishing uniform longshore currents in a large – scale sediment transport facility [J]. Coastal Engineering, 2001, 43: 199-218.

[174] Borthwick, A. G. L., Foote, Y. L. M. Nearshore measurements at a cusped beach in the UK Coastal research Facility [J]. Coastal Dynamics '97, Plymouth, 1997, pp, 953-962.

[175] Rogers, B. D., Alistair, G. L., Taylor, P. H. GODUNOV – type model of wave – induced nearshore currents at a multi – cusped beach in the UKCRF [C]. 28th International Conference of Coastal Engineering, 2002.

[176] 白志刚，张志显，陈志春. 准三维波生近岸流数学模型在裂流研究中的应用 [J]. 水运工程，2007(3): 12-17.

[177] Haas, K. A., Warner, J. C. Comparing a quasi – 3D to a full 3D nearshore circulation model: SHORECIRC and ROMS [J]. Ocean Modeling, 2009, 26: 91-103.

[178] Nicholson, J., Broker, I., Roelvink, J. A., Price, D., Tanguy, J. M., Moreno, L. Intercomparison of coastal area morphodynamic models [J]. Coastal Engineering, 1997, 31: 97-123.
[179] 姜尚. 崖门水道悬移质输运三维数值模拟 [D]. 南京:河海大学, 2008.
[180] 陈斌. 长江口附近海域三维悬浮泥沙的数值模拟研究 [D]. 北京:中国科学院研究生院, 2008.
[181] 王宝灿, 虞志英, 刘苍字. 海州湾岸滩演变过程和泥沙流动向 [J]. 海洋学报, 1980, 2(1): 79-95.
[182] 唐寅德, 虞志英, 陈德昌. 连云港地区淤泥质海滩沉积类型和成因 [C]//. 连云港回淤研究论文集. 南京:河海大学出版社,1990.
[183] 虞志英, 陈德昌, 唐寅德, 等. 连云港地区泥沙运移和冲淤趋势 [C]//. 连云港回淤研究论文集. 南京:河海大学出版社,1990.
[184] 刘家驹, 张镜潮. 连云港扩建工程潮汐水流模型试验 [C]//. 连云港回淤研究论文集. 南京:河海大学出版社, 1990.
[185] 赵士清, 张镜潮. 连云港潮流的数值模拟[J]. 海洋学报, 1981, 3(3): 500-515.
[186] 葛明达. 连云港波高、波周期统计分布 [J]. 海洋工程, 1984, 1:40-49.
[187] 杨正己, 贺辉华. 连云港风浪谱分析 [J]. 海洋工程, 1984, 3:46-57.
[188] 阎俊岳, 谢清华, 张秀芝, 等. 连云港外海波浪要素计算 [C]//. 连云港风、浪研讨会文集. 南京:河海大学出版社, 1983.
[189] 龚崇准, 戴功虎, 王绍全, 等. 连云港外海波浪要素计算 [C]//. 连云港回淤研究论文集. 南京:河海大学出版社, 1983.
[190] 张万函. 粘性淤泥质泥沙起动冲刷的试验研究 [D]. 南京:河海大学,1984.
[191] 孙献清, 黄建维. 含盐淤泥的流变特性 [J]. 海洋工程, 1988, 1: 69-75.
[192] 陈德昌, 金镠, 唐寅德, 等. 连云港地区淤泥质海岸近岸带水体含沙量的横向分布 [J]. 海洋与湖沼, 1989, 20(6): 544-552.
[193] 金镠, 张勇, 陈德昌, 等. 淤泥质海岸水体含沙量横向分布的研究 [C]//. 连云港回淤研究论文集. 南京:河海大学出版社, 1990.
[194] 储鏖. 连云港港 30 万吨级航道工程波浪要素推算报告 [R]. 河海大学, 2007.
[195] 王红川, 潘君宁. 连云港港 30 万吨级航道工程波浪要素推算报告 [R]. 南京水利科学研究院, 2008.
[196] 陈德昌. 海州湾岸滩沉积地貌及连云港 30 万吨航道沉积物特征分析研究

[R]. 华东师范大学, 2008.

[197] 解鸣晓, 张玮, 黄志扬, 崔冬. 淤泥质海岸泥沙运动及进港航道回淤强度数值研究 [J]. 中国港湾建设, 2007, 4 (150): 1-4.

[198] 解鸣晓, 张玮, 李国臣. 淤泥质海岸大尺度进港航道回淤特性数值研究 [J]. 水运工程, 2008, 4: 80-86.

[199] 解鸣晓, 张玮. 连云港口门防波堤建设对航道回淤影响数值研究 [J]. 泥沙研究, 2008, 5: 20-24.

[200] 解鸣晓, 张玮. 淤泥质海岸泥沙运动模拟及进港航道大风天回淤特性研究 [J]. 应用基础与工程科学学报, 2009.

[201] Xie, M. X., Zhang, W., Guo, W. J. A Validation Concept for Cohesive Sediment Transport Model and Application on Lianyungang Harbor, China [J]. Coastal Engineering, 2010. 录用待刊.

[202] 高正荣, 张金善. 连云港港 30 万吨级航道工程潮流泥沙数模研究报告 [R]. 南京水利科学研究院, 2009.

[203] 赵群, 左书华. 连云港"韦帕"台风浪、潮流、泥沙骤淤问题的三维数学模型研究 [R]. 交通部天津水运工程研究院工程泥沙交通行业重点实验室, 2008.

[204] 蒋建平, 常太平. 连云港新港区初步可行性研究现场水文测量技术报告 [R]. 长江水利委员会水文局长江下游水文水资源勘测局, 2005.

[205] 马兴华, 金雪英. 连云港港基础资料整编 [R]. 中交上海航道勘察设计研究院有限公司, 2008.

[206] 卢佐, 赵群. 2007 年 9 月台风"韦帕"过境时连云港波浪、潮流、泥沙现场观测报告[R]. 交通部天津水运工程科学研究院, 2007.

[207] 肖辉. 连云港海域泥沙水力特性试验研究报告 [R]. 交通部天津水运工程研究院工程泥沙交通行业重点实验室, 2007.

[208] 冯建军, 耿智海. 连云港港 30 万吨级航道工程可行性研究 15 万吨级航道大风观测(含浮泥观测)技术报告 [R]. 中交上海航道勘察设计研究院有限公司, 2009.

[209] 董凤午. 沙质海岸岸滩坡度的确定 [J]. 水利水运科学研究, 1981, 1:93-102.

[210] 赵子丹, 李贺青, 郭美谊. 波浪在浮泥床面上的传播 [J]. 海洋通报, 1992, 1:1-9.

[211] 赵子丹, 练继建. 波浪在淤泥质床面上传播时波要素的变化 [J]. 天津大学

学报, 1994,27(5): 512-528.

[212] 赵子丹, 张庆河. 规则波与淤泥质底床的相互作用 – 波浪衰减 [J]. 水利学报, 1997, 4: 26-34.

[213] 吴宋仁, 严以新. 海岸动力学 [M]. 北京:人民交通出版社,2004.

[214] 陶建华. 水波的数值模拟 [M]. 天津:天津大学出版社,2006.

[215] 孙涛, 陶建华. 波浪作用下缓坡近岸海域沿岸流分布影响因素分析 [J]. 水动力学研究与进展, 2004, 4: 558-564.

[216] 孙涛, 陶建华. 波浪作用下渤海湾近岸海域污染物的输移扩散规律 [J]. 海洋与湖沼, 2004, 2: 110-119.

[217] 徐啸,佘小建,崔峥. 首钢京唐钢铁联合有限责任公司围海造地二期工程取砂对流场、滩槽稳定性冲淤影响物理模型试验研究 [R]. 南京水利科学研究院, 2006.

[218] Lou, J. , Ridd, P. V. Wave – current bottom shear stresses and sediment resuspension in Cleveland Bay, Australia [J]. Coastal Engineering, 1996, 29: 169-186.

[219] Dyer, K. R. , Christie, M. C. , Feates, N. , Fennessy, M. J. , Pejrup, M. , van der Lee, W. An investigation into processes influencing the morphodynamics of an intertidal mudflat, the Dollard Estuary, The Netherlands: I. Hydrodynamics and suspended sediment [J]. Estuarine, Coastal and Shelf Science, 2000, 50: 607-625.